Taschenbuch

für

Kanalisationsingenieure
(Taschenbuch der Stadtentwässerung)

von

Dr.-Ing. **K. Imhoff**

Mit 4 Abbildungen im Text und 16 Tafeln

Dritte Auflage

München und Berlin 1922
Druck und Verlag von R. Oldenbourg

Vorwort.

Es ist der erste Grundsatz jeder technischen Berechnung, daß die Genauigkeit der Rechnung nicht größer zu sein braucht als die der Annahmen. Bei der Stadtentwässerung sind nun alle Annahmen in weiten Grenzen willkürlich, man denke nur an die Regenhöhe, die Abflußmengen und an die zur Berechnung dienenden Formeln, Rauhigkeitswerte u. dgl. Zu große Genauigkeit bei der Berechnung hat deshalb gar keinen Zweck. Viel wichtiger ist es, rasch und übersichtlich arbeiten zu können und Rechenfehler auszuschließen. Darin sind graphische Tafeln allen anderen Verfahren überlegen.

Die dritte Auflage, die infolge des Krieges erst neun Jahre nach der zweiten erscheint, ist nach den wertvollen Beobachtungen und Erfahrungen der Zwischenzeit verbessert und erweitert worden. Die meisten Tafeln sind neu aufgezeichnet. Der Abschnitt über Kläranlagen ist diesmal viel ausführlicher gehalten. Er enthält viele bisher noch nicht veröffentlichte Mitteilungen.

Das Buch berücksichtigt in erster Linie wieder die Bedürfnisse der Emschergenossenschaft und des Ruhrverbandes in Essen. Da diese beiden Verbände aber mehrere hundert Kilometer Schmutzwasserläufe und etwa 40 Kläranlagen unter den denkbar verschiedensten Verhältnissen gebaut haben und dauernd betreiben und beobachten, werden die hier gefundenen Erfahrungssätze Anspruch auf allgemeine Anwendbarkeit machen können. Bei der Übertragung rein örtlicher Verhältnisse jedoch, z. B. der Regenbeobachtungen auf andere Gegenden, müssen die Ergebnisse nachgeprüft werden. Hinweise darauf finden sich in dem Buch.

Außer Herrn Bernards, der an dem Buch von Anfang an mitgearbeitet hat, habe ich den Herren Ortmann und von Bülow für Mitarbeit an der dritten Auflage zu danken.

Essen 1921.

Imhoff.

1. Stichworte.

Buch über Kanalisation: Frühling, die Entwässerung der Städte, I. Kapitel, Engelmann, Leipzig, Bücher über Abwasserreinigung S. 28.

Bebauungsplan niemals ohne allgemeinen Entwässerungsplan (Vorentwurf).

Vorentwurf (genereller Entwurf). Stets zuerst aufzustellen. Übersichtsplan 1 : 25000 bis 1 : 10000 mit Entwässerungsgebieten, Hauptsammlern, Kläranlage, Vorfluter, Höhenschichtlinien. Längenschnitte der Hauptsammler, Längen wie im Lageplan, Höhen 1 : 100. Bohrergebnisse bei der Kläranlage und einigen wichtigen Stellen der Sammler. Berechnung der Sammler, Erläuterungen.

Bauentwurf (spezieller Entwurf). Übersichtsplan 1 : 25000 bis 1 : 10000 mit Schichtlinien. Stadtplan 1 : 5000 bis 1 : 2000. Längenschnitte, Höhen 1 : 100. Kellertiefen, Grundwasserstände. Bauplan mit Hausanschlüssen 1 : 1000 bis 1 : 500. Bauzeichnung der Kanäle, der Schächte, der Kläranlage usw., vollständige Bohrergebnisse, vollständige Kanalberechnung, Erläuterungen. — Bauentwurf nur für solche Straßen, die unbedingt festliegen. Erweiterungsgebiete nur generell.

Trennverfahren (Kanäle für Schmutzwasser getrennt) wird billiger, wenn der größte Teil des Regenwassers in den Rinnsteinen abfließen kann sonst **Mischverfahren** (Regen- und Schmutzwasser in gemeinsamen Kanälen). Die Fälle, wo Trennverfahren vorzuziehen, sind selten. Bei Trennverfahren zum Schmutzwasser 100% Zuschlag für Regen- und Grundwasser.

Fäkalien in kanalisierten Straßen stets mit Wasserspülung anschließen.

Lage der Hauptsammler nach dem natürlichen Gefälle. Getrennte Sammler für hoch- und
tiefliegende Gebiete, wenn nur im hohen Gebiet
Regenauslässe möglich sind, oder wenn aus dem
tiefen Gebiet gepumpt werden muß. Sohlentiefe
unter Straße mindestens 2,50 m. Einzelne tiefere
Keller mit Wasserstrahlpumpe entwässern.

Bevölkerungszunahme (Tafel 2) jährlich:
Kleinstadt 1%, Großstadt 3%, Industriestadt bis
10%. Zu rechnen in Bergbaugebieten auf 10 bis
25 Jahre, sonst bis 40 Jahre.

Gebietseinteilung und Bevölkerungsdichte
(Tafel 2 unten) nach Baupolizeivorschrift und Bebauungsplan.

Regenüberfälle (Regenauslässe) beim Mischverfahren in den nächsten offenen Wasserlauf. Verdünnung meist 5fach (1 Teil Schmutzwasser, 4 Teile
Regenwasser). Bei dünnem Abwasser (mehr als
100 l/Tag/Kopf) kann die für Regenauslässe ge-
forderte Verdünnung entsprechend geringer sein.
Der Regenauslaß oder Umlauf bei der Kläranlage
pflegt auf doppelte Verdünnung (1 + 1) eingerichtet
zu werden.

Düker. Zwei Rohre, eines für Trockenwetter
mit mindestens 1 m/sek Geschwindigkeit. Regen-
überfall vor dem Regenrohr. Spülschieber vor
beiden Rohren. Aufsteigender Ast höchstens Stei-
gung 1:2. Für kleine Wassermengen nur ein Rohr,
aber regelmäßige Spülung.

Heber zu vermeiden, wenn nicht ständig Gas
abgesaugt werden kann. Sonst wie Düker.

Druckrohre der Pumpwerke. Anordnungen wie
bei Dükern. Entlüftung.

Längenschnitte. Geringste zulässige Geschwindigkeit 1 m/sek bei voller Füllung, 0,6 m/sek bei
Teilfüllung (Trockenwetter), andernfalls regelmäßige
Spülung. Sohlenabsätze bei Kanalverbindungen
und bei Querschnittswechsel, so daß die Mittel-
wasserlinien durchlaufen oder (bei reichlichem
Gefäll) abfallen. Dabei darf die Sohle auch ansteigen.

Kanalquerschnitte üblich 20—50 cm Kreisform, Steinzeug. Darüber Eiform, Mauerwerk oder dichter Beton. Bei saurem oder salzigem Grundwasser kein Beton. Sammler, wenn möglich, offen mit Dreieckform. Regenkanäle meist Kreisform. Für große, geschlossene Sammler begehbare Seitenstege. Schächte alle 50 m, in begehbaren Sammlern 100 m, Kreisform, Kanalquerschnitt in der Sohle durchgeführt, keine Schlammfänge. Straßeneinläufe. Geruchverschluß zu vermeiden. Dadurch beste Lüftung der Kanäle. Sandfang (Straßensinkkasten) nur, wenn viel Sand zu erwarten und Kanalgefäll schlecht. Trockensinkkasten (mit Sohlenentwässerung) zu empfehlen. Spülung besonders bei Trennverfahren und bei schlechtem Gefälle in den oberen Kanalstrecken. Zugschieber zum Aufstauen von Wasser in den Schächten. Lüftung durch die Straßeneinläufe und die über Dach geführten Hausleitungen, also kein Hauptwasserverschluß an den Hausleitungen. Hausentwässerung. Vorschriften für Herstellung und Betrieb von Grundstücksentwässerungen. Bearbeitet vom Verband Deutscher Architekten- und Ingenieurvereine. Berlin 1908. Deutsche Bauzeitung, G. m. b. H. Pumpwerk. Zentrifugalpumpen. Sammelbehälter nötig. Aber so einzurichten, daß er täglich bis zur Sohle leergepumpt wird, damit kein Schlamm liegen bleibt. Die Pumpe muß Schlamm und Sand mitfördern. Rechen 20 mm Weite. Wenn Pumpwerk vor der Kläranlage, muß für gleichmäßigen Zufluß zur Kläranlage gesorgt werden. Wenn hinter der Kläranlage darf kein Rückstau in die Kläranlage vorkommen. Kraftbedarf einer Kanalpumpe in Pferdekräften (PS)

$$K = h \cdot Q \cdot \frac{1}{75} \cdot \frac{1}{0,5} \text{ (in PS.)}$$

wobei h = Hubhöhe (m),
   Q = Wassermenge (l/sek),
   0,5 = Gesamtwirkungsgrad von Pumpe und Motor,

1 PS = 75 m/kg/sek,
1 kW (Kilowatt) = 1,36 PS,
1 PSh = 270 mt,
1 kWh = 367 mt.

Englische und amerikanische Maße.

1 inch	= 2,54 cm	1 pound	= 0,45 kg
1 foot	= 0,305 m	1 cu ft	= 0,028 cbm
1 yard	= 0,91 m	1 cu ft	= 7,5 gal. U.S.A.
1 mile	= 1,61 km	1 gal. U.S.A.	= 3,79 l
1 sq. foot	= 0,093 qm	1 gal engl.	= 4,54 l
1 acre	= 0,40 ha		

2. Kanalberechnung.

(Hierzu 16 Tafeln).

Alles, was man zur Kanalberechnung nötig hat, ist in den 16 Tafeln enthalten.

Die Annahmen für die Wassermengen (Tafeln 1—3) beziehen sich auf das Ruhrkohlengebiet. Alle übrigen Angaben sind allgemein gültig.

Mit der **Tafel 1** kann man die Höchstwassermenge, die vom Kanal abgeführt werden soll (in l/sek/ha) ohne weiteres aus der Abflußfläche ablesen. Die Kurven sind aus sehr vielen der Praxis entnommenen Werten zusammengestellt. Sie sind besonders zu empfehlen für Entwürfe einfacher Art, namentlich für vorläufige Schätzungen. Besonders wertvoll sind sie zum Nachprüfen von Entwürfen. Die Ungenauigkeit der geschätzten Werte gegenüber den ausführlichen Berechnungsverfahren ist geringer als man glauben sollte; denn auch das wissenschaftlichste Verfahren gründet sich auf Annahmen, wie Stärke, Dauer und Verteilung der maßgebenden Regen, Bebauungsdichte, Versickerung, Verdunstung, und schließlich kommt es auf dasselbe hinaus, ob man diese vielen Annahmen einzeln oder gleich das Endergebnis nach allgemeinen Erfahrungen schätzt.

Die Grundlage der genaueren Wassermengenberechnung bildet die folgende auf der **Tafel 2** wiederkehrende Zusammenstellung:

Hierbei ist als Brauchwasserabfluß 100 l/Kopf/Tag angenommen und als größte Stundenmenge der zwölfte Teil des 24stündigen Abflusses. Es ergibt sich für die einzelnen Bauklassen der in der vierten Spalte angegebene Brauchwasserabfluß für 1 ha Fläche.

1	2	3	4	Regenwasserabfluß		
Klasse	Bebauungsart	Einwohner auf 1 ha	Brauchwasser-abfluß l/sek/ha	Abfluß-beiwert %	Straßen-kanäle l/sek/ha	offene Läufe l/sek/ha
I	sehr dicht	350	0,81	80	80	160
II	geschlossen	250	0,58	60	60	120
III	weitläufig	150	0,35	25	25	50
IV	Außengeb.	100	0,23	15	15	30
V	unbebaut	0	0	5	5	10

Bei der Berechnung des Regenabflusses geht man von der Erfahrung aus, daß die stärksten Regen-fälle nur kurz dauern, und daß die Regenstärke mit der Zeit abnimmt. Es ist einleuchtend, daß man für die Regendauer eine untere Grenze annehmen muß; denn kurze, wenn auch sehr starke Regen kommen in einer Kanalisation nicht zur vollen Geltung, weil zu Beginn eines Regens viel Wasser von der trockenen Oberfläche und von den noch leeren Kanalstrecken aufgenommen wird oder sich vor den Regen-einläufen auf den Straßen und Höfen anstaut und nicht vollständig oder nicht rasch zum Abfluß kommen kann. Als untere Grenze der Regendauer werden zur Berechnung 15 Minuten angenommen. Die dieser Zeit entsprechende Regenstärke beträgt für Straßenkanäle 100 l/sek/ha oder 0,6 mm/Min. Für offene Bachläufe wird für die gleiche Regendauer ein doppelt so starker Regen zugrunde gelegt, also 200 l/sek/ha oder 1,2 mm/Min. Die Begründung für diese Zahlen folgt später. (S. 15 u. 16).

Wieviel von diesem Regenfall wirklich abfließt, richtet sich nach dem Ableitungsvermögen der Oberfläche. Auf der beregneten Oberfläche geht nämlich ein Teil des Regenwassers durch Ver-sickern und Verdunsten verloren, oder es wird in Vertiefungen der Oberfläche zurückgehalten und am Abfluß verhindert. Das Ableitungsvermögen ist je nach der Bebauungsdichte verschieden. Es soll durch einen festen Abflußbeiwert ausgedrückt werden, der sich nach der Bauklasse richtet. In Spalte 5 der obenstehenden Zusammenstellung sind die Zahlen angegeben. Der Abflußbeiwert beträgt z. B. bei geschlossener Bebauung 60%, d. h. 60% des Regenfalls fließen ab, während 40% zurückgehalten werden und nicht in die Kanäle kommen. Die angegebenen Werte beziehen sich auf ziemlich flaches Baugelände. Für starkes Flächengefäll können größere Abflußbeiwerte nötig werden. Außerdem beziehen sich die Abflußbeiwerte auf den Sommer. Im Winter können bei Frost viel größere Werte entstehen. Mit diesen braucht man aber nicht zu rechnen, weil die starken Regen, auf die es hier ankommt, Sommerregen sind.

Wenn die Zahlen des 15 Minutenregens mit den Abflußwerten vervielfacht sind, ergibt sich der Regenabfluß für die einzelnen Bauklassen in der sechsten Spalte für Straßenkanäle und in der siebten Spalte für offene Läufe. Mit diesen Werten können kleinere Gebiete bis etwa 1 qkm (100 ha) in der Regel richtig berechnet werden.

Für größere Gebiete wird die Rechnung jedoch verwickelter. Der feste Abflußbeiwert genügt nicht mehr allein. Es kommt vielmehr eine weitere Abflußverminderung hinzu, die veränderlich ist und die im allgemeinen um so stärker wird, je größer die Abflußzeit ist.

Die Einflüsse, unter denen diese Abflußverminderung steht, sind:

1. Die Abnahme der Regenstärke mit der Regendauer. (Starke Regen haben kürzere Dauer als schwache.)

2. Die ungleiche Regendichte. (Starke Regen gehen meist in der Windrichtung in Streifen nieder. Die ungleiche Verteilung des Regens macht sich um so mehr geltend, je größer das Gebiet ist, oder richtiger, je länger die Zeit ist, die die Wasserwelle zum Durchfließen des Gebiets gebraucht.)

3. Die Zunahme des Abflußbeiwertes mit der Regendauer. (Bei längeren Regen wird die Oberfläche mit Wasser gesättigt, es kann weniger versickern als bei kurzen Regen, und es muß mehr abfließen.)

4. Die sog. „Verzögerung" des Regenabflusses. (Diese tritt dann ein, wenn die Regendauer kürzer ist als die Zeit, die das Wasser zum Durchfließen des ganzen Niederschlagsgebietes gebraucht, so daß der im oberen Kanalgebiet gefallene Regen „verzögert" im unteren Gebiet ankommt, wenn dort der Regen bereits vorüber ist.)

Von diesen vier Einflüssen wirkt der dritte mit zunehmender Gebietsgröße vermehrend auf den Regenabfluß. Die andern drei wirken vermindernd.

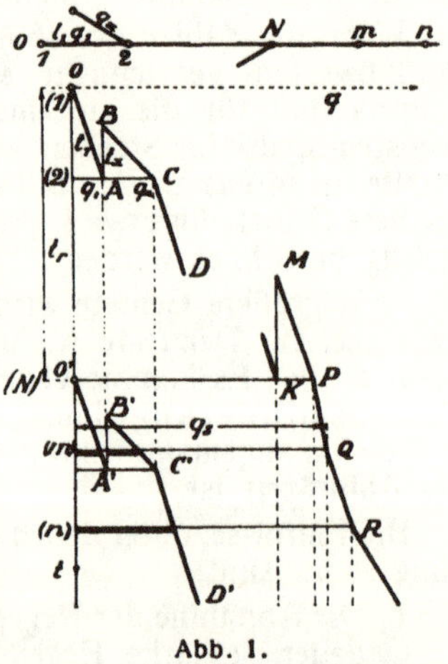

Die unter 4. genannte eigentliche Verzögerung läßt sich mathematisch genau verfolgen. Hierzu dient die Aufstellung des sog. Verzögerungsplanes. Das Verfahren wird im folgenden nach Weyrauch, „Hydraulisches Rechnen", Stuttgart, 4. Auflage, 1921, S. 277, wiedergegeben (vgl. Abb. 1):

Abb. 1.

„Die Berechnung erfolgt analytisch in Tabellenform und gleichzeitig graphisch in einem Koordinatensystem, dessen Nullpunkt 0 in der Blattecke links oben liegt, dessen Abszissen (nach rechts) Wassermengen q, und dessen Ordinaten (nach unten) Durchflußzeiten t bedeuten.

Man dimensioniert den obersten Sammlerstrang (1—2), erhält daraus die Geschwindigkeit v_1 und die Durchflußzeit $t_1 = v_1 l_1$. Dann trägt man t_1 als

Ordinate, q_1 als Absziess auf. Mündet in 2 ein
Seitenkanal mit den Werten q_x und t_x, so schließt
man q_x und t_x wie in der Abbildung an. So entsteht
die sog. Anlaufkurve $OABCD$...

Mit dieser Aufzeichnung fährt man neben der
tabellarischen Berechnung fort, bis man zu der
Abszisse kommt, die von 0 in der Entfernung t_r
gleich der Dauer des angenommenen Berechnungsregens liegt. Ihr entspricht der „kritische Punkt" N
(d. h. der Punkt, an dem die der ganzen Kanallänge entsprechende Abflußzeit gleich der Regendauer ist) des Sammlers bei dem betreffenden Be-
rechnungsregen, d. h. von ihm aus kommen für die
Berechnung der unteren Sammlerstrecken immer
mehr von den obersten Gebietsflächen und von den
ihnen entsprechenden Abflußmengen in Wegfall.
Man erhält die abzuziehenden Wassermengen durch
einen zu $OABCD$... parallelen, in O' beginnenden
Linienzug $O'A'B'C'D'$... die Parallelanlauf-
kurve. Abzuziehen sind die dick unterstrichenen
Teile der Linien q_s. Mit der übrig bleibenden Wassermenge wird in der Tabelle weiter dimensioniert, wenn
sich nicht oberhalb von q_s eine längere Abszisse
findet. In diesem Fall kommt z. B. für Punkt m
und n nicht q_s, sondern die bis dahin längste Abszisse
$O'P$ in Betracht.

Auch vom kritischen Punkt N ab ist die Anlaufkurve auf Grund derjenigen Geschwindigkeiten
weiter zu berechnen, die sich ohne Berücksichtigung
der ausscheidenden Wassermengen ergeben, d. h.
also für zu große Wassermengen. Die erste Berechnung ist also nur eine angenäherte. Bei zu
großen Differenzen in den Geschwindigkeiten kann
die Aufstellung eines „zweiten Verzögerungs-
plans" nötig werden, wobei die neue Anlaufkurve
mit den verbesserten Geschwindigkeiten, also Durchflußzeiten, und den reduzierten Wassermengen
konstruiert wird."

Nach diesem Verfahren kann man in einem
bekannten Kanalnetz für einen Regen von bestimmter Dauer und gleichmäßiger Verteilung die
Abflußverzögerung für jede Kanalstrecke ziemlich

genau berechnen. Diese Möglichkeit der mathematisch richtigen Berechnung hat leider dazu verführt, die eigentliche Verzögerung bei der Berechnung zu sehr in den Vordergrund zu rücken und die schwankende Grundlage zu vergessen, auf der sich die ganze Berechnung aufbaut[1]). Schon die Voraussetzung eines in allen Teilen bekannten Kanalnetzes läßt sich nicht erfüllen. Gewöhnlich müssen die Kanalisationen gewissermaßen „von hinten" berechnet werden, weil die Sammler gebaut werden müssen, bevor die Kanalnetze in allen Niederschlagsgebieten festliegen. Der Nullpunkt, von dem der Verzögerungsplan ausgeht, ist also oft gar nicht vorhanden, weil er in einem unbekannten Außengebiet liegt. Es wäre grundfalsch, ins Einzelne gehende Bebauungspläne für das ganze Gebiet allein wegen der Kanalberechnung aufstellen zu wollen; denn auf lange Zeit voraus überstürzt entworfene Bebauungspläne werden später doch wieder geändert werden. Damit fällt aber die erste Grundlage der Berechnung. Ebensowenig läßt sich die zweite Grundlage, der gleichmäßig verteilte Regen von bestimmter Dauer, verteidigen. Was soll die mathematisch genaue Berechnung der Verzögerung eines bestimmten Berechnungsregens für einen Zweck haben, wenn man weiß, daß es einen gleichmäßig verteilten starken Regen gar nicht gibt, und daß ungleiche Regendichte die ganze Berechnung über den Haufen wirft; wenn man außerdem bedenkt, daß jedes Kanalstück genau genommen bei einem andern Regen seine höchste Belastung erfährt, daß man also theoretisch unzählige Regen mit verschiedenen Dauern und Stärken durchrechnen müßte.

Die Aufstellung des „Verzögerungsplanes" mag für manche Sonderfälle Bedeutung haben. Zur allgemeinen Anwendung bei der Aufstellung von Entwässerungsplänen ist er nicht geeignet. Zur praktischen Anwendung empfiehlt sich mehr die folgende Berechnung der Abflußverminderung aus

---

[1]) Weyrauch, Ges.-Ing. 1912, Nr. 13 u. Weiß, Ges.-Ing 1919, Nr. 11.

der Abflußzeit, **Tafel 3.** Es ist bei diesem Verfahren Wert darauf gelegt, nicht nur die eigentliche
Verzögerung, sondern alle vier oben genannten Einflüsse zu fassen, die auf die Abflußverminderung
Einfluß haben, die aber mit dem festen Abflußbeiwert
noch nicht erfaßt sind. Es handelt sich also darum,
neben dem festen „Abflußbeiwert" (Tafel 2) noch
einen veränderlichen Beiwert — einen erweiterten
Verzögerungsbeiwert — zu finden, den man am
besten mit „Zeitbeiwert" bezeichnet, weil alle
vier Einflüsse das gemeinsam haben, daß sie von
der Zeit abhängig sind. Dann ist die ganze Ermittlung der Hochwassermenge eines Kanalstücks
auf die Bestimmung dieser beiden Beiwerte, des
Abflußbeiwerts und des Zeitbeiwerts, zurückge-
führt.

Zu diesem Zweck sind in Tafel 3 aus den Regenbeobachtungen im Emschergebiet drei Regenkurven
aufgestellt. In den Kurven ist die Regenmenge
(Liter in der Sekunde auf 1 ha) dargestellt, die bei
verschiedenen Regendauern anzunehmen ist. Man
sieht die oben unter 1. erwähnte Abnahme der Regenstärke mit der Zeit.

In der Kurve I sind die höchsten Einzelwerte
miteinander verbunden. Mit diesen Werten kann
man für größere Gebiete nicht rechnen, weil die
Regendichte niemals gleichmäßig über ein Gebiet
verteilt ist. Es ist anzunehmen, daß die höchsten
Einzelbeobachtungen an Regenmessern Spitzen-
werte darstellen, die nur an der einen Stelle ent-
standen sind, die sich aber nicht auf größere Gebiete
erstreckt haben. In der Kurve II sind deshalb solche
Regenfälle miteinander verbunden, die etwa alle
10 Jahre überschritten werden. Durch Benutzung
dieser niedrigeren Werte wird der oben unter 2 erwähnte Einfluß der ungleichen Regendichte berücksichtigt. Die Kurve ergibt bei 15 Minuten eine
Regenstärke von 200 l/sek/ha. Das ist der Wert,
der oben (S. 10) als maßgebend für offene Bachläufe
bezeichnet wurde.

Für geschlossene Straßenkanäle gibt diese Kurve
so große Querschnitte, daß die Kanäle wirtschaft-

lich nicht mehr ausführbar sind. Man pflegt es deshalb bei Straßenkanälen zuzulassen, daß sie etwa alle zwei Jahre einmal überregnet werden und nimmt die dabei entstehenden Schäden für den Vorteil in Kauf, daß man in den Anlagekosten ganz bedeutende Ersparnisse macht. Unter dieser Annahme ist die Regenkurve III aufgetragen. Der höchste Wert dieser Kurve ist die oben (S.10) schon erwähnte Zahl 100 l/sek/ha, und zwar für die ersten 15 Min., dann fällt die Kurve rasch ab.

Es muß nun noch der dritte der oben genannten Einflüsse (die Zunahme des Abflußbeiwertes mit der Zeit) berücksichtigt werden. Es wird angenommen, daß der Abfluß bei mittlerer Bebauungsdichte infolge der Durchfeuchtung der Oberfläche in $2\frac{1}{2}$ Stunden um die Hälfte des ursprünglichen Werts steigt, und daß diese Steigerung allmählich eintritt. Dadurch entsteht die Kurve IV.

Mit dieser Kurve kann man nun nicht nur die eigentliche Verzögerung, sondern gleich den alle veränderlichen Einflüsse gleichzeitig umfassenden „Zeitbeiwert" leicht bestimmen. Der größte Abflußwert wird für ein bestimmtes Gebiet in der Regel dann entstehen, wenn man die der Abflußzeit der ganzen Kanallänge entsprechende Regenstärke einsetzt. Man braucht also nur in Tafel 3 aus der bekannten Kanallänge und der geschätzten Geschwindigkeit die Abflußzeit und mit dieser dann die maßgebende Regenstärke oder richtiger gleich aus der Kurve IV den Zeitbeiwert abzulesen. Dieser Zeitbeiwert ist also ein Bruchwert, mit dem der für den 15 Min. Regen errechnete Einheitsabfluß vervielfacht werden muß, um den Einheitsabfluß an einer anderen tieferen Stelle zu finden, (für die die Abflußzeit länger ist als 15 Minuten).

Das Schätzen der Geschwindigkeit ist nicht schwierig. Im Flachland ist sie meist etwa 1 m/sek. Im Hügelland entsprechend höher. Bei den offenen Abwasserläufen des Emschergebietes ist sie im Mittel 2,5 m/sek. Nötigenfalls kann sie nach dem ersten Versuch berichtigt werden.

Die Kurve IV des Zeitbeiwerts ist hiernach nur für die bei geschlossenen Kanälen angenommenen zweijährigen Regen (15 Min. Regen = 100 l/sek/ha) entwickelt. Genau genommen müßte man für die zehnjährigen Regen der offenen Läufe (15 Min. Regen = 200 l/sek/ha, also doppelt so hoch) eine besondere Kurve der Zeitbeiwerte aus Kurve II entwickeln. Die Kurve II ist aber wegen der Seltenheit so starker Regen sehr unsicher. Da sie mit einiger Annäherung überall etwa doppelt so hoch liegt wie III, soll auch für die offenen Läufe die Kurve IV des Zeitbeiwerts genommen werden.

Bei unregelmäßig ge-formtem Gebiet erhält man bisweilen größere Abfluß-werte, wenn man einen Teil der Kanallänge wegläßt (l_2 in der Abb. 2) und die Fläche entsprechend kleiner, den

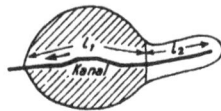

Abb. 2.

Zeitbeiwert mit der Regenstärke entsprechend größer annimmt. Namentlich unkanalisierte Außengebiete kann man oft weglassen, weil sie so geringe Wasser-geschwindigkeiten haben, daß sie bei richtiger Berech-nung die Abflußmenge nicht vergrößern. Im Zweifel lassen sich durch Proberechnungen rasch die größten Abflußwerte finden.

Dieses Verfahren eignet sich dazu, die Zeit-beiwerte für die wichtigsten Punkte eines Ent-wässerungsnetzes, namentlich der Hauptsammler, rasch und zuverlässig zu ermitteln. Die Werte an den Zwischenpunkten lassen sich leicht durch Schätzung einfügen.

Es sei noch einmal betont, daß sich die Angaben über die Regenfälle und den Zeitbeiwert auf Beob-achtungen im Emschergebiet gründen. In anderen Gebieten können erhebliche Verschiebungen ein-treten. Wenn jahrelange Beobachtungen selbst-schreibender Regenmesser erreichbar sind, sollten diese für den besonderen Fall ausgewertet werden. Dies ist z. B. in vorbildlicher Weise in Köln ge-

schehen[1]). Die dort erhaltenen Werte sind zum
Teil erheblich niedriger als die des Emschergebiets.
In andern Gegenden[2]) muß vor allem geprüft werden,
ob die hier gefundenen Grundwerte des 15-Minuten-
regens, nämlich 100 l/sek/ha, für geschlossene und
200 l/sek/ha für offene Läufe angemessen sind.
Danach müssen die Abflußbeiwerte von Tafel 2
unten (vgl. S. 10) nötigenfalls berichtigt werden. Im
übrigen wird die Form der Kurve IV ohne große
Änderung überall passen. Die Zeitbeiwerte nach
Tafel 3 können also unbedenklich zur allgemeinen
Anwendung empfohlen werden.

In **Tafel 4** ist zur Vollständigkeit noch die Berechnung des Zeitbeiwerts aus der Fläche wiedergegeben. Es sind die bekannten Wurzelformeln,
nach denen die meisten bestehenden Stadtentwässe-
rungen gerechnet sind.

Die Formel lautet

$$K = \frac{1}{\sqrt[n]{\text{Fläche}}}$$

wobei meist $n = 4$ oder $n = 6$ genommen wird.
K nennt man den Verzögerungsbeiwert. Er drückt
jedoch nicht nur die eigentliche Verzögerung nach
der oben gegebenen Erklärung aus, sondern er
schließt alles ein, was zur Abflußverminderung
beiträgt, z. B. auch die ungleiche Regendichte.
K soll also entsprechend den vorigen Ausführungen
auch Zeitbeiwert genannt werden.

Die Wurzelformeln ergeben einen um so kleine-
ren Abfluß je größer die Fläche ist. Sie haben aber
den offenbaren Fehler, daß sie die Abflußverminderung ganz allein von der Größe der Fläche abhängig
machen. Neben der Größe der Fläche sollte man
auch ihr Gefälle und ihre Form nicht vernach-
lässigen. Denn es ist klar, daß ein langgestrecktes
Gebiet den Regenabfluß stärker vermindert als

---

[1]) Weiß, Ges.-Ing. 1919, Nr. 11.
[2]) Haeuser, Kurze, starke Regenfälle in Bayern. Verlag
A. Buchholz, München, Theresienstr. 18.
Keller, Regen- und Abflußmengen bei großen Regengüssen.
Zentralbl. d. Bauv. 8. Juni 1907.

ein fächerförmiges Gebiet und ebenso, daß ein flaches Gebiet stärker vermindert als ein steiles Gebiet.

Um dem Rechnung zu tragen, empfiehlt es sich, die 6. oder 5. Wurzel nur bei mittleren Verhältnissen zu nehmen. Den Einfluß der Form und des Gefälles kann man dann dadurch ausdrücken, daß man schätzungsweise bei schwachem Gefälle oder bei langgestrecktem Gebiet die 4. Wurzel und bei starkem Gefälle und mehr fächerförmigem Gebiet die 8. Wurzel verwendet.

Die Wurzelformeln haben noch, verglichen mit den genaueren Rechnungsverfahren, den Fehler, daß sie am Anfang zu stark gekrümmt sind und bei Zeiten bis etwa 45 Minuten zu geringe Werte geben. Sie dürfen also erst bei größeren Gebieten (vielleicht über 5 qkm) angewandt werden. Mit dieser Einschränkung kann man mit ihnen jedoch brauchbare Zeitbeiwerte finden.

Auf derselben Tafel 4 ist noch eine neue Berechnung des Zeitbeiwerts K aus der Kanallänge dargestellt. Die Formel lautet:

$$K = \frac{1}{\sqrt[n]{\text{Länge}}}$$

Dieses Verfahren vermeidet den einen der offenbaren Fehler der Flächenformel ; es wird nämlich jetzt die Form der Fläche berücksichtigt, denn die Kanallänge ist für die Abflußverhältnisse maßgebend. Es wird damit auch der bekannte Einwand von Frühling gegen die Wurzelformel erledigt, daß die Formel beim Zusammentreffen zweier Hauptkanäle ganz verschiedene Werte liefert, je nachdem man die Kanalstrecke oberhalb oder unterhalb der Vereinigung beider Sammler betrachtet, weil unterhalb der Vereinigungsstelle die doppelte Niederschlagsfläche, also ein viel kleinerer Zeitbeiwert erhalten wird als oberhalb. Nimmt man nicht die Flächenformel sondern die Längenformel, so wird der Zeitbeiwert oberhalb und unterhalb der Vereinigungsstelle gleich, weil sich an der

Kanallänge durch Hinzukommen eines zweiten
ebenso langen Sammlers nichts ändert. Bei Verwendung der Längenformel braucht man also nur
noch Unterschiede nach der Stärke des Gefälles
zu machen. Es wird vorgeschlagen, bei mittleren
Gefällen $n = 3$ zu nehmen, bei starkem Gefälle
$n = 3,5$ und bei schwachem Gefälle $n = 2,5$.
Wenn auch die Längenformeln aus diesen
Gründen besser sind als die Flächenformeln, so
bleiben doch die übrigen Nachteile der Flächenformeln bestehen. Es liegt kein Grund vor, die
Wurzelformeln nach Tafel 4 zur Ermittlung des
Zeitbeiwerts anzuwenden, nachdem durch das Verfahren nach Tafel 3 der Umweg der Berechnung
über die Kanalgeschwindigkeit so vereinfacht ist,
daß richtige Zeitbeiwerte fast ebenso rasch ermittelt
werden können als mit den Wurzelformeln. Die
Wurzelformeln behalten jedoch ihre Bedeutung zu
Vergleichsrechnungen, wenn die Kanäle in alten
Stadtteilen schon nach ihnen berechnet sind; sie
können auch bei sehr großen Gebieten dazu verwendet werden, die aus den Regenbeobachtungen
festgelegte Kurve des Zeitbeiwerts zu verlängern
und auszugleichen, wenn die Zahl der Regenbeobachtungen nicht ausreicht. Die oben vorge-
geschlagene Längenformel ist dann immer besser
als die bisher bekannte Flächenformel.

Zur Berechnung der Kreis- und Eirohre dienen
die **Tafeln 5—8.** Sie sind nach der abgekürzten
Kutterschen Formel berechnet.

$$\text{Geschwindigkeit } v = \frac{100\sqrt{R}}{b + \sqrt{R}}\sqrt{RJ}$$

$$J = \text{Gefälle}$$
$$b = 0,35 = \text{Rauhigkeitswert}$$

$$\text{Wassermenge } Q = F \cdot v$$

$$R = \frac{F}{p} = \frac{\text{Fläche}}{\text{benetzten Umfang}}$$

Es ist dabei stets volle Füllung des **Quer**-
schnittes angenommen.

Die Anwendung der Tafeln 5—8 ist sehr einfach. Es können wohl alle Werte abgelesen werden, wenn nicht gerade die Geschwindigkeit unzulässig groß oder klein ist. Wenn dennoch ein Wert (für die Wassermenge Q) fehlt, ist es das einfachste, ihn aus dem entsprechenden Wert für die noch ablesbare Wassermenge (Q_1) nach der Gleichung zu berechnen:

$$\frac{V}{V_1} = \frac{Q}{Q_1} = \frac{J}{J_1}$$

Beispiel 1. Ein Kreisrohr von 1 m Durchm. führt beim Gefäll 1 : 140 wieviel Wasser und mit welcher Geschwindigkeit? — Tafel 6 ablesen: $Q = $ 2 cbm/sek und $v = 2,5$ m/sek.

Beispiel 2. Welche Breite (d) ist beim üblichen Eiquerschnitt ($h = 1,5\,d$) nötig, wenn er beim Gefälle $J = 1 : 500$ die Wassermenge $Q = $ 1,2 cbm/sek bei voller Füllung führen soll? — In Tafel 8 liegt der Schnittpunkt der Wagerechten 1,2 und der Senkrechten 1 : 500 dicht unter der Kurve des Querschnitts 0,90/1,35. Die Breite ist also 0,90 m; genauer könnte man 0,88 m ablesen. — Die Geschwindigkeit liegt zwischen den beiden Linien $v = 1,0$ und $v = 1,5$. Sie ist $v = 1,3$ m/sek.

Die Tafeln 9—13 bringen die Füllungskurven für 15 verschiedene Querschnitte. Aus den Füllungskurven kann man sowohl für die Wassermenge (Q) wie für die Geschwindigkeit (v) das Verhältnis zu der entsprechenden Wassermenge oder Geschwindigkeit bei voller Füllung entnehmen.

Beispiel 3. Ein Kreisquerschnitt führt bei voller Füllung 4 cbm Wasser bei 3 m/sek Geschwindigkeit. Wieviel führt er bei Füllung bis 0,8 der Höhe und mit welcher Geschwindigkeit? — In Tafel 9 oben läuft die Füllungskurve Q (für die Wassermenge) bei 0,8 der Höhe durch 1,0 hindurch. Der Kreis führt also ebensoviel Wasser wie bei voller Füllung. Die Füllungskurve v (der Geschwindigkeit) geht bei 0,8 der Höhe durch 1,13. Die Geschwindigkeit ist also bei 0,8 der Höhe $1,13 \cdot 3,0 = 3,39$ m/sek.

Beispiel 4. Dasselbe wie Beispiel 2. Der Querschnitt soll aber nur bis zum Kämpfer (0,7 der Höhe) gefüllt sein. — Aus der Füllungskurve (Tafel 10) ist zu ersehen, daß die Wassermenge (Q) bei 0,7 Füllung 0,75 von der Wassermenge bei voller Füllung beträgt. Man nimmt also (Tafel 8) nicht $Q = 1,2$ cbm sondern

$$Q = \frac{1,2}{0,75} = 1,6 \text{ cbm/sek.}$$ Der nötige Querschnitt

ist dann _1,00/1,50_ m. — Als Geschwindigkeit liest man in Tafel 8 ab $v = 1,4$ m/sek. Aus der Füllungskurve für v (Tafel 10) sieht man aber, daß die Geschwindigkeit bei 0,7 Füllung 1,1 mal so groß ist als die bei voller Füllung. Die wirkliche Geschwindigkeit ist also $1,1 \cdot 1,4 = 1,54$ m/sek.

Beispiel 5. Wie groß ist beim Eiquerschnitt 0,90/1,35 die Füllhöhe und die Geschwindigkeit, wenn 0,2 cbm/sek beim Gefälle 1 : 500 durchfließen? Der Querschnitt führt bei voller Füllung (Tafel 8) 1,25 cbm/sek bei 1,3 m/sek Geschwindigkeit. Das Verhältnis 0,2 : 1,25 ist 0,16. Nach der Füllungskurve (Tafel 10) ist die Füllhöhe bei $Q = 0,16$ gleich 0,3 der Höhe, also $0,3 \cdot 1,35 = 0,4$ m und die Geschwindigkeit (Tafel 10) bei 0,3 Füllhöhe gleich 0,75 der vollen Füllung oder $0,75 \cdot 1,3 = 1$ m/sek.

Ferner sind in diesen Tafeln für jeden einzelnen Querschnitt Beiwerte angegeben, die die Beziehung zu einem Kreis von gleicher Breite (d) ausdrücken. Man kann damit jeden beliebigen Querschnitt aus den Kreistafeln (5—7) berechnen. Der Rauhigkeitswert ist dabei jedoch stets $b = 0,35$, wie oben auf jeder der Tafeln 5—7 angegeben.

Beispiel 6. Ein überhöhtes Ei (Tafel 10, Nr. 9) soll bei 1 : 500 eine Wassermenge $Q = 1,2$ cbm/sek führen. Wie groß ist die Breite (d) und die Geschwindigkeit (v)? — Nach Tafel 10 ist $Q = 1,98\,Q_1$ (Kreis). Die Wassermenge des überhöhten Eiprofils ist also 1,98 mal so groß als die eines Kreises von gleicher Breite d. Man sucht also in Tafel 5 das d für $Q = \dfrac{1,2}{1,98} = 0,6$ und findet $d = 0,80$ m.

Ferner liest man hier ab: $v = 1,2$. Da aber (Tafel 10) $v = 1,15\,v_1$ (Kreis) ist, so ist $v = 1,15 \cdot 1,2 = 1,4$ m sek.

Zur Begründung dieser Rechnungsart[1]) sind nur wenige Worte nötig: Wenn man nach der vereinfachten Kutterschen Formel für einen bestimmten Fall die Wassermenge des Kreises (Q_1) und die eines beliebigen anderen Querschnittes (Q) von gleicher Breite (d) miteinander vergleicht, so ist das Verhältnis Q zu Q_1 nicht konstant, sondern abhängig von d. Rechnet man nun Beispiele, so findet man das überraschende Ergebnis, daß sich das Verhältnis praktisch fast gar nicht ändert. So ist z. B. für den gewöhnlichen Eiquerschnitt mit dem Höhenverhältnis 1 : 1,5 (Tafel 10 oben) zwischen den Querschnittbreiten von 0,5 bis 5,0 m das Verhältnis Q zu $Q_1 = 1,61 : 1$. Wenn es also auch mathematisch nicht genau richtig ist, kann man doch praktisch sagen, daß $Q = 1,61 \cdot Q_1$, d. h. daß das Ei 1,61 mal so viel Wasser führt als ein Kreis von gleicher Breite. Wenn man den Beiwert 1,61 kennt, kann man also aus den Kreistafeln 5—7 ohne weiteres genaue Werte auch für den Eiquerschnitt ablesen, nachdem man mit dem Beiwert entweder vervielfacht oder geteilt hat.

Bei der gewöhnlichen Eiform ist es nun nicht nötig, diese Rechnung so auszuführen, weil in der Tafel 8 besondere Berechnungen hierfür gegeben sind. Bei allen anderen Querschnitten aber bringt diese Art der Berechnung eine außerordentliche Vereinfachung gegenüber den sonst üblichen Rechnungsarten (Beispiel 5).

Den für offene Abwasserkanäle[2]) außerordentlich verbreiteten Dreieckquerschnitt (Tafel 11, Nr. 12) kann man ebenfalls unter Benutzung der Beiwerte aus den Kreistafeln 5—7 berechnen, wobei man die Wassertiefe gleich der Breite des Kreises setzt. Da man dabei aber, wie schon erwähnt, immer nur

---

[1]) Imhoff, Eine einfache Art, allerhand Kanalquerschnitte zu berechnen. Ges.-Ing. 1907, Nr. 13.
[2]) Imhoff, Offene Abwasserkanäle. Wasser und Abwasser, Bd. I, 1909.

den Rauhigkeitswert $b = 0,35$ berücksichtigt, der
bei offenen Bachläufen, namentlich wenn Teile der
Böschung mit Rasen belegt sind, zu klein ist, sind
die beiden **Tafeln 14—15** für diesen Zweck besonders
aufgestellt. Sie sind für den Rauhigkeitswert $b =$
0,75 ohne weiteres ablesbar. Diese Rauhigkeit ist
richtig, wenn der untere Teil des Querschnitts mit
Betonplatten oder Ziegelrollschicht befestigt ist und
oben gut unterhaltene Rasenflächen anschließen.
Will man statt 0,75 einen anderen Rauhigkeitswert
benutzen, so kann das für alle Werte zwischen 0,25
und 1,50 durch Benutzung der jeweils auf der linken
Seite angegebenen Berichtigungslinien geschehen.
(Die Anregung zu dieser Darstellung ist von Kra-
winkel im Gesundheits-Ingenieur 1919, Nr. 41,
S. 420, gegeben.) Drei Beispiele zur Benutzung dieser
Tafeln sind auf Tafel 14 mit den nötigen Wegweiser-
linien gegeben. Die Beispiele sollen hier nicht wieder-
holt werden.

Um außer dem Dreiecksquerschnitt auch für
andere Querschnitte beliebige Rauhigkeitswerte
verwenden zu können, ist die **Tafel 16** aufgestellt.

Bäche und Flüsse werden allgemein nach der
großen Kutterschen Formel berechnet:

Geschwindigkeit $v = \dfrac{a\,R}{b + \sqrt{R}}$ $\qquad a = \left(23 + \dfrac{1}{n} + \dfrac{0,00155}{J}\right) \sqrt{J}$.

Wassermenge $Q = F \cdot v$ $\qquad b = \left(23 + \dfrac{0,00155}{J}\right) n$

$R = \dfrac{F}{p} = \dfrac{\text{Fläche}}{\text{benetzten Umfang}}$ $\qquad J = \text{Gefälle}$
$n = 0,025 = \text{Rauhigkeitswert.}$

Dieser großen Formel mit dem Rauhigkeitswert 0,025 entspricht die in diesem Buch benutzte
kleine Kuttersche Formel annähernd, wenn man
hier den Rauhigkeitswert $b = 1,5$ setzt. Deshalb
sind in Tafel 16 alle Rauhigkeitswerte bis zu $b = 1,5$
eingetragen. Die Anwendung ist auf Tafel 16 selbst
erläutert.

Beispiel 7. Das Kreisrohr von 1 m Durchm.
(Beispiel 1) führt beim Gefäll 1 : 140 reines Wasser.
Es soll deshalb eine geringere Rauhigkeit, nämlich
$b = 0,25$ statt des üblichen 0,35 angenommen
werden. Nach Tafel 16 ist dann die Wassermenge

(auf der senkrechten Linie für $d = 1$ abzulesen)
1,13 mal so groß als bei Beispiel 1 ausgerechnet
ist, also $Q = 1,13 \cdot 2,0 = 2,3$ cbm/sek und $v = 1,13 \cdot 2,5 = 2,8$ m/sek.

Beispiel 8. Ein gedecktes Rechteck, bei dem
die Höhe $h = 1,2\,d$, soll bei voller Füllung 10 cbm
Wasser führen. $J = 1:500$. Rauhigkeit b nicht
wie gewöhnlich $= 0,35$, sondern 0,45 (Bruchsteinmauerwerk, Tafel 16). Wie groß die Breite d? — Hier
sind drei Beiwerte nötig:

1. Das gedeckte Quadrat ($h=d$, Tafel 13, Nr. 15 b)
   führt $Q = 1,27 \cdot Q_1$ (Kreis).

2. Das gedeckte Rechteck ($h = 1,2\,d$) führt
   (Tafel 13, Kurve für Q) 1,3 mal so viel als das
   Quadrat.

3. Bei $b = 0,45$ (Tafel 16) ist, wenn $d = 2$ bis
   3 m geschätzt, $Q = 0,92$ mal dem Q bei der
   üblichen Rauhigkeit $b = 0,35$.

Man sucht also (Tafel 7) nicht $Q = 10$, sondern
$$Q = \frac{10}{1,27 \cdot 1,3 \cdot 0,92} = 6.6 \text{ cbm/sek}$$ und findet
$d = 2,0$ m.

Wenn man Querschnitte berechnen will, die hier
nicht angeführt sind, genügt es meist, sie auf ein
offenes oder gedecktes Quadrat oder Rechteck von
gleicher Fläche (Tafel 13) zurückzuführen. Will
man einen neuen Querschnitt genau berechnen, so
berechnet man die Beiwerte für v und für Q, indem
man $J = 1$ und $d = 1$ setzt, dann berechnet man
einige Punkte der Füllungskurven, um diese auf-
tragen zu können.

Es folgt hier noch ein Beispiel einer Tabelle
zur Berechnung des Entwässerungsnetzes. Die
Tabelle kann bei der Anwendung in der Regel ab-
gekürzt werden.

Beispiel einer

(1)	(2)	(3)	(4)	(5)	(6)	(7)	(8)	(9) =(7) ⊥(8)
Num- mer des Gebiets	Name der Straße	Kanalstrecke von bis Schacht- nummer		Kanallänge		Gebietsgröße		
				ein- zeln	zus.	Klasse I	Klasse II	zus.
				m	m	ha	ha	ha

(18) =80 ·(7)	(19) =60 ·(8)	(20) =(18) +(19)	(21)	(22) =(20) ·(21)	(23)=(15) +(17) +(22)	(24)
Regenabfluß berechnet					Regen- +Brauch- +gewerbl. Wasser	Quer- schnitt Form Ab- messung
Klasse I 80 l/s/ha	Klasse II 60 l/s/ha	zus.	Zeitbeiwert (erweiterter Verzöge- rungswert)	Regen- Abfluß		
l/sek	l/sek	l/sek		l/sek	l/sek	
Tafel 2	Tafel 2		Tafel 3			

Berechnungstabelle.

(10) = 350 ·(7)	(11) = 250 ·(8)	(12) = (10) +·(11)	(13) = 0,81 ·(7)	(14) = 0,58 ·(8)	(15) = (13) + (14)	(16)	(17)
Einwohrer berechnet			Brauchwasser berechnet			gewerbliches Abwasser	
Klasse I 350 E/ha	Klasse II 250 E/ha	zus.	Klasse I 0,81 l/s/ha	Klasse II 0,58 l/s/ha	zus.	jetzt	später (ge-schätzt)
Einw.	Einw.	Einw.	l/sek	l/sek	l/sek	l/sek	l/sek
Tafel 2	Tafel 2		Tafel 2	Tafel 2			

(25) = (22) od. (23)	(26)	(27)	(28)	(29) = (15) + (17)	(30)	(31)	(32)
bei voller Füllung				bei Trockenwetter			
Wasser-menge	Gefäll	Ge-schwin-dig-keit	Lei-stung	Wasser-menge	Gefäll	Ge-schwin-dig-keit	Füll-höhe
cbm/sek		m/sek	cbm/sek	l/sek		m/sek	m
		Tafel 5—16	Tafel 5—16			Tafel 5—16	Tafel 5—16

3. Kläranlagen.[1])

Untersuchung des Abwassers.[2]) Frisches Abwasser riecht nur wenig, es hat eine graugelbe Farbe, die einzelnen Schmutzstoffe sind noch wenig zerrieben oder zersetzt, es enthält Sauerstoff. Fauliges Abwasser riecht stark nach faulen Eiern (Schwefelwasserstoff), die Farbe ist schwarzgrau. Die Unterscheidung des Grades der begonnenen Fäulnis nach Aussehen und Geruch ist leicht. Chemisch gibt darüber vor allem die Untersuchung auf Schwefelwasserstoff Aufschluß.

Es ist die erste Aufgabe des Technikers, das Abwasser in den Straßenkanälen wie in der Kläranlage frisch zu erhalten.

Die volumetrische Bestimmung der absetzbaren Schwebestoffe wird in trichterförmigen Absetzgläsern von 1 l Inhalt und 45 cm Höhe vorgenommen, die an der Spitze unten in ccm geteilt sind (zu beziehen von der Chemischen Fabrik Dr. Reininghaus, Essen). Diese Gläser genügen für alle praktischen Zwecke. Die prozentuale Ausscheidung der absetzbaren Schwebestoffe in der Kläranlage berechnet man nach der Formel $100 \cdot \dfrac{a-b}{a}$, wobei $a = $ Bodensatz des Rohwassers, $b = $ Bodensatz des Kläranlagenabflusses, beide abgelesen nach zweistündigem Stehen.

---

[1]) Dunbar, Leitfaden f. d. Abwasserreinigungsfrage. Oldenbourg, München.
Weyls Handbuch der Hygiene Bd. II Abt. 3. Leipzig, I. A. Barth.
Handbuch der Hygiene Bd. II Abt. 2 Leipzig, S. Hirzel.
[2]) Ohlmüller und Spitta, Die Untersuchung und Beurteilung des Abwassers. Berlin, Springer.

Wenn dabei der Bodensatz nicht volumetrisch, sondern vom Chemiker gewichtsanalytisch bestimmt werden soll, erhalten die Gläser am Boden einen Ablaß. Indirekt können die absetzbaren Schwebestoffe aus dem Schwebestoffgehalt des über dem Bodensatz stehenden Wassers berechnet werden, wobei dann die Gesamtschwebestoffe durch Filtration bestimmt werden. Die prozentuale Ausscheidung der absetzbaren Schwebestoffe ist dann $100 \cdot \dfrac{c-e}{c-d}$, wobei $c =$ Gesamtschwebestoffe im Rohwasser, $d =$ Gesamtschwebestoffe im abgesetzten Rohwasser, $e =$ Gesamtschwebestoffe im abgesetzten Kläranlagenabfluß.

Auf Fäulnisfähigkeit wird das Abwasser untersucht, indem man eine Viertelliterprobe verkorkt, an einen warmen Ort stellt und täglich durch den Geruch prüft, ob Schwefelwasserstoff auftritt. Die Angabe, am wievielten Tage die Fäulnis eingetreten ist, und die Stärke des Geruchs gibt einen Maßstab für den mehr oder weniger großen Gehalt an fäulnisfähigen Stoffen. Bei desinfiziertem Abwasser ist die Probe zum Vergleich auch in offener Flasche anzusetzen.

Vorfluter. Der Grad der Reinigung hängt von der Leistungsfähigkeit des Vorfluters ab. Das Abwasser zu entschlammen (in Absetzanlagen) ist bei großen Abwassermengen fast immer notwendig, weil die Schlammstoffe im Flußwasser nur langsam zersetzt werden und sofort in Fäulnis übergehen, wenn sie Gelegenheit haben, sich abzulagern. Auch die stärkste Verdünnung ändert hieran nichts. Es ist verkehrt, Verdünnungsberechnungen auf nicht entschlammtes Abwasser zu beziehen, wenn die Möglichkeit besteht, daß sich Schlammbänke bilden. Das Abwasser noch weiter zu reinigen (biologisch) ist nicht nötig, wenn der Vorfluter die Fähigkeit besitzt, die gelösten und die nicht absetzbaren organischen Schmutzstoffe des Abwassers auf aerobem Wege abzubauen, d. h. so, daß das Flußwasser dabei niemals seinen Sauerstoff ganz verliert. Hierzu genügt bei entschlammtem Abwasser oft eine geringe Verdünnung[1]).

Siebe, Rechen. Selbständige Siebanlagen sind bei starker Verdünnung in großen Strömen angebracht. In der Regel wird verlangt, daß die Schmutzstoffe bis herab zur Größe von 3 mm zurückgehalten werden. Die Wirkung ist im Vergleich zu der von Absetzanlagen gering (etwa ein Fünftel). Vorteilhaft ist der geringe Platzbedarf, nachteilig die Beschaffenheit der Rückstände, die lästige Gerüche verbreiten, wenn sie nicht sofort beseitigt werden.

In Verbindung mit Absetzanlagen sind nur Grobrechen von 50—60 mm Durchgang zu empfehlen, weil die feineren organischen Stoffe zweckmäßiger mit dem übrigen Schlamm zusammen entfernt werden (vgl. Abb. 4). Vor Pumpen sollen die Rechen nur 20 mm Durchgang haben.

Sandfänge sind vor Kläranlagen nur bei großen Anlagen und Mischverfahren nötig. Sie sollen keine trichterförmigen, sondern flache Sohlen haben, damit der Sand nicht mit Schlamm durchsetzt ist (vgl. Abb. 4). Die Sohle wird mit einer (während des Wasserdurchflusses verschlossen gehaltenen) Sickerung versehen, damit man den Sand trocken herauswerfen kann, nachdem man den Durchfluß abgestellt hat. Der Querschnitt des Sandfangs (Breite mal Tiefe) wird so bestimmt, daß die mittlere Wassergeschwindigkeit 0,3 m in der Sekunde beträgt. Es gilt also die Formel:

$$\text{Querschnitt (qm)} = \frac{\text{Wassermenge (cbm/sek)}}{\text{Geschwindigkeit (0,3 m/sek)}}.$$

Die Länge ergibt sich aus der Sandmenge, die man bis zur Reinigung aufsammeln will. Es sind 2 bis 3 auswechselbare Kammern und ein Umlauf nötig.

Absetzanlagen. Im Abwasser scheidet sich in einer bestimmten Zeit eine bestimmte Menge der Schlammstoffe aus. Genau so wie in einem Stand-

---

[1]) Imhoff, Die Abwasserbehandlung im Emschergebiet. Zeitschrift für die gesamte Wasserwirtschaft, 8. Okt. 1910.

glas ist der Vorgang in einer Absetzanlage, nur
daß hier das Abwasser nicht ruhig steht, sondern
sich im langsamen Durchflusse durch die Anlage
befindet. (Man braucht sich dabei nur vorzu-

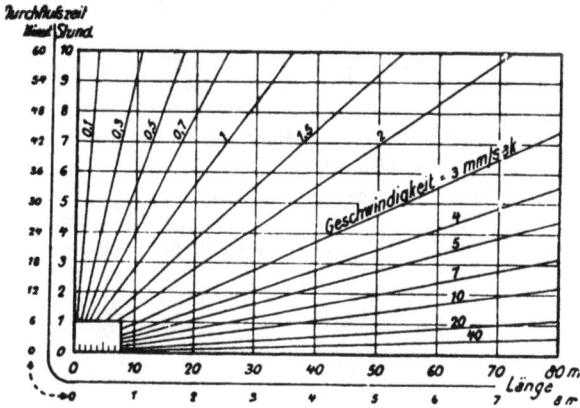

Abb. 3.

stellen, daß ein gefülltes Absetzglas mit dem
übrigen Wasser durch ein Klärbecken hindurch-
schwimmt.)

Die Wirkung einer normalen Absetzanlage ist
bei gleicher Tiefe genau so wie die eines Absetzglases, vorausgesetzt, daß die Durchflußzeit in
der Absetzanlage ebenso groß ist wie die Ruhe-
zeit im Glase. Wie groß dabei die Durchfluß-
geschwindigkeit ist, ist für die Klärwirkung bei
wagrechtem Durchfluß völlig gleichgültig, solange
eine gewisse Grenzgeschwindigkeit nicht überschritten wird, nämlich die Geschwindigkeit, bei
der die abgesetzten Schlammteile am Boden nicht
mehr liegen bleiben, sondern fortrollen. Diese zulässige Grenzgeschwindigkeit liegt aber so hoch
(sicher über 40 mm/sek), daß sie bei den üblichen
Ausmaßen nie erreicht werden kann. Die Durch-
flußgeschwindigkeit, die man nach folgender Formel
ermittelt

$$\text{Geschwindigkeit (mm/sek)} = \frac{\text{Länge (mm)}}{\text{Zeit (sek)}}$$

(vgl. auch Abb. 3) braucht also bei wagrechtem Durchfluß gewöhnlich nicht einmal angegeben zu werden. Noch viel weniger können Becken danach berechnet werden.

Die gebräuchliche und nach den obigen Ausführungen richtige Berechnung der Becken ist die aus der Durchflußzeit nach folgender Formel:

Absetzraum (cbm) = Wassermenge (cbm/Std.)
$\times$ Durchflußzeit (Std.).

Unter Durchflußzeit ist dabei die r e c h n e r i s c h e, mittlere Durchflußzeit verstanden, die man bei einem gegebenen Becken umgekehrt wieder berechnet nach der Formel:

$$\text{Durchflußzeit (Std)} = \frac{\text{Absetzraum (cbm)}}{\text{Wassermenge (cbm/Std).}}$$

Statt dieser Berechnung des Raumes aus der Zeit ist neuerdings von Schulz[1]) eine Berechnung der Oberfläche aus der „Kleinsten Sinkgeschwindigkeit" vorgeschlagen worden nach der Formel:

$$\text{Oberfl. (qm)} = \frac{\text{Wassermenge (cbm/Std)}}{\text{Kleinste Sinkgeschw. (m/Std).}}$$

Diese Berechnung kann ich für städtisches Abwasser nicht empfehlen, denn die Sinkgeschwindigkeit der Schwebestoffe ist bei städtischem Abwasser nicht konstant, sondern sie nimmt infolge des Zusammenballens der flockigen und faserigen Stoffe mit der Zeit und mit der Tiefe ständig zu. Aus der Sinkgeschwindigkeit, die z. B. in einem 20 cm hohen Glas ermittelt ist, kann man keinen Schluß auf die Sinkgeschwindigkeit in tieferen Lagen der Becken ziehen. Die hiernach angestellten Berechnungen haben also auch nur dann Gültigkeit, wenn die Beckentiefe gleich der Tiefe des Absetzglases ist. Man rechnet durchaus nicht genauer als bei dem obigen Verfahren der Durchflußzeit und man würde nur statt des klaren Begriffes der Zeit den weniger

---

[1]) Schulz, Techn. Gemeindeblatt, 5. Dez. 1918.

leicht verständlichen Begriff der kleinsten Sinkgeschwindigkeit einführen.

Für mittleres städtisches Abwasser sind Durchflußzeiten von 1—1½ Std. zu empfehlen. Dies gilt
für mittlere Beckentiefen von 1—2 m, wie sie sich
bei den üblichen Bauarten von selbst aus den An-
forderungen ergeben, die wegen des Schlammes
an die Sohlenform gestellt werden. Für sehr flache
Becken gelten kürzere, für tiefere Becken längere
Zeiten. Dickes Abwasser setzt in kurzer Zeit ab,
dünnes Abwasser erfordert längere Zeit. Durchflußzeiten über zwei Stunden sind nicht zu empfehlen,
weil sie die Wirkung nicht wesentlich vergrößern,
dafür aber die Anlage viel teurer machen und das
Abwasser in Gefahr bringen, faulig zu werden.

Wenn man nach Beobachtungen im Absetzglas
ein geplantes Absetzbecken genau berechnen will,
muß man sich zunächst daran erinnern, daß die
Tiefe des Absetzglases gleich der geplanten Beckentiefe sein muß. Der richtige Versuch ist also bei
tieferen Becken mit unregelmäßiger Sohle nicht
ganz einfach. Die Aufgabe wird aber in dieser Form
nur äußerst selten gestellt werden, denn das Abwasser, wie es später die Kläranlage zu behandeln
hat, ist vorher gewöhnlich nicht genau bekannt.
Die Erfahrung lehrt, daß sich städtisches Abwasser
in den ersten Betriebsjahren einer Kläranlage nach
Beschaffenheit und Menge meist völlig verändert.
Es ist hier so wie bei der Kanalberechnung, daß zu
genaue Berechnung auf schwankenden Grundlagen
keinen Zwecke hat. Dies gilt, solange nicht viel
umfangreichere Versuchsergebnisse vorliegen, als es
heute der Fall ist. Mit den oben gegebenen Ratschlägen über Durchflußzeiten und Beckentiefen
wird man im einzelnen Fall das Richtige treffen.
Im übrigen soll man bei Absetzbecken, wie überhaupt
bei Kläranlagen, alle Teile so einrichten, daß sie
später leicht erweitert und veränderten Verhältnissen angepaßt werden können.

Folgende baulichen Einzelheiten sind bei Absetzbecken noch zu beachten: Tauchbretter sind am
Zulauf und Auslauf nötig. Am Auslauf soll sich

außerdem ein langer Überfall befinden. Unter allen Umständen ist dafür zu sorgen daß der abgeschiedene Schlamm entweder dauernd oder mit Unterbrechungen so häufig aus dem eigentlichen Absetzraum entfernt wird, daß er nicht in Fäulnis übergehen und wieder auftreiben kann.

Das für eine Absetzanlage einschließlich späterer Erweiterung notwendige Gelände soll (gute Schlammbehandlung vorausgesetzt) so groß sein, daß für 75 000 Einwohner 1 ha zur Verfügung steht. Wenn der Schlamm nicht abgeholt wird, sind die zu seiner Ablagerung erforderlichen Flächen hinzuzurechnen.

Schlammfrage. Es ist hier nur die Rede von fäulnisfähigem Schlamm, wie er gewöhnlich aus städtischem Abwasser ausfällt. Von mineralischem Schlamm wird unter „gewerbliches Abwasser" gesprochen (S. 54).

Die technische Untersuchung von Schlamm erstreckt sich hauptsächlich auf die Farbe, den Geruch und die Entwässerbarkeit. Die Entwässerbarkeit wird auf einer Sandschicht bestimmt, indem die Zeit beobachtet wird, die der Schlamm braucht, um stichfest zu werden. Der Wassergehalt bestimmt sich aus dem Gewichtsverlust, den der Schlamm bei völligem Eintrocknen im Wasserbad und Trockenschrank erleidet. Frischer Schlamm ist grau, stinkt und ist nur mit den größten Schwierigkeiten entwässerbar. Sein Schlammwasser ist trüb und stinkt. Ausgefaulter Schlamm ist schwarz, riecht teerartig oder nach verbranntem Gummi und ist bei gutem Wetter in einer Schicht von 20 cm in 6 Tagen stichfest. Das Schlammwasser ist klar und ohne unangenehmen Geruch.

Die Schlammengen, mit denen man in Absetzanlagen zu rechnen hat, sind

1. bei Anlagen, in denen der Schlamm frisch unter Wasser abgepumpt wird, 1,2 l/Kopf/Tag,

2. wenn der frische Schlamm beim Herauspumpen sorgfältig vom überschüssigen Wasser **getrennt** wird, 0,6 l/Kopf/Tag,

3. bei ausgefaultem Schlamm aus einer Kanalisation nach dem Trennverfahren, wo die Straßenabschwemmungen vollständig von den Kanälen ferngehalten werden, 0,1 l/Kopf/Tag,

4. bei ausgefaultem Schlamm und Mischverfahren 0,15 bis 0,2 l/Kopf/Tag,

5. bei ausgefaultem Schlamm aus Städten mit stark schlammhaltigem gewerblichem Abwasser 0,3 l/Kopf/Tag.

Die Zahlen beziehen sich auf nassen Schlamm in dem Zustande, wie er aus den Anlagen fließt oder gepumpt wird. Aus ihnen geht die ungeheure technische und wirtschaftliche Bedeutung der Schlammfaulung hervor. Die starke Abnahme der Schlammenge ist zum Teil auf die Vergasung der organischen Stoffe, zum größeren Teil auf die Abnahme des Wassergehalts zurückzuführen. (Da ausgefaulter Schlamm im Mittel 80%, gepumpter frischer Schlamm im Mittel 95% Wasser hat, ergibt die Rechnung aus dem Wassergehalt bei gleicher Menge der Trockensubstanz ein Verhältnis der Schlammengen von 5 : 20 oder 1 : 4.) Trotz des geringen Wassergehalts ist der ausgefaulte Schlamm flüssig und leicht pumpbar, während der frische Schlamm zäh und sperrig ist. Ausgefaulter Schlamm gibt sein Wasser rasch ab, er trocknet leicht und stinkt nicht mehr beim Trocknen auf Land. Frischer Schlamm braucht sehr lange Zeit zum Trocknen und führt zu großen Belästigungen. Wenn frischer Schlamm aus Absetzbecken sich anders verhält, kann es nur davon kommen, daß er nicht mehr „frisch" ist, sondern bereits mehr oder weniger ausgefault in der Kläranlage ankommt, entweder weil die Häuser mit Faulgruben ausgestattet sind oder weil Teile des Entwässerungsnetzes (Sammler mit schlechtem Gefäll oder zu große Druckrohre und Dükerrohre) als Faulräume wirken.

Wenn trotz der Vorzüge des gefaulten Schlammes manchmal noch die Gewinnung frischen Schlammes empfohlen wird, wird es mit dem höheren Dungwert des frischen Schlammes begründet. Es ist

auch nicht zu leugnen, daß der Stickstoffgehalt des
Schlammes durch die Faulung auf etwa die Hälfte
herabgeht. Der Landwirt aber, der nach der chemischen Analyse für frischen Schlamm einen höheren
Preis bezahlt, begeht einen Irrtum, denn der frische
Schlamm hat für ihn große Nachteile. Er hängt in
fettigen, zähen Brocken zusammen und bringt Un-
krautsamen aufs Land. Für die Pflanzen brauchbar
wird er erst, wenn er kompostiert oder verwittert
ist, wobei natürlich der Stickstoffgehalt genau so
heruntergeht wie bei der Ausfaulung. Ausgefaulter
Schlamm aber hat alle Eigenschaften guter Garten-
erde und ist als Düngemittel entschieden vorzuziehen.

Wenn frischer Schlamm aus Absetzanlagen behandelt werden muß, ist es das beste, ihn in dünner
Schicht auf Gelände auszubreiten und möglichst un-
terzugraben. Für große Anlagen kommen Schlamm-
pressen oder Schlammzentrifugen in Betracht. Dann
ist jedoch die bedeutende Verschlechterung des
Kläranlagenabflusses zu beachten, die durch das
Ablassen des sog. „Schlammwassers" entsteht.
Namentlich die Zentrifugen haben in dieser Beziehung große Nachteile.

Von den Anlagen, die zur Ausfaulung des Schlammes dienen, sind zu besprechen
  1. die durchflossenen Faulräume,
  2. die Emscherbrunnen,
  3. die getrennten Schlammfaulbehälter.

Durchflossene Faulräume, die von dem ganzen Abwasser durchströmt werden, und in denen
nicht nur der Schlamm, sondern auch das Abwasser
einer Faulung unterzogen wird, haben für große
Anlagen nur noch historisches Interesse. Der damit
verbundene Gestank des Abwassers nach Schwefelwasserstoff, der sich namentlich bei der Weiter-
behandlung des Wassers auf biologischen Körpern
äußert, hat sie unmöglich gemacht. Es ist das Ver-
dienst Dunbars, entgegen den englischen Vorurteilen
den Grundsatz der Frischhaltung des Abwassers
eingeführt zu haben. Durchflossene Faulräume
kommen ernstlich nur noch bei Hauskläranlagen

(S. 52) in Frage, wo ihre Nachteile weniger hervortreten gegenüber dem Vorteil, daß man die Anlage nicht zu bedienen braucht.

Emscherbrunnen[1]). Bei diesen ist Absetzbecken und Schlammfaulraum getrennt in einem zweistöckigen Bauwerk untergebracht. Abb. 4 zeigt als Beispiel eine Anlage, die für etwa 10000 Einwohner bestimmt ist. Als Vorreinigung dient ein Grobrechen und zwei Sandfänge (siehe dort). Über die beiden tiefen Schlammbrunnen hinweg ist ein Absetzbecken gebaut, das nach den S. 32 gegebenen Ratschlägen zu berechnen und einzurichten ist. Die Beckensohle wird durch dünne schräge Wände aus Eisenbeton oder Holz gebildet, die in der Tiefe etwa 25 cm weite Schlitze frei lassen, um den abrutschenden Schlamm in den Schlammbrunnen durchzulassen. Die Neigung der Flächen ist mindestens 1,2 (Höhe) zu 1 (Breite). Wenn jedoch zwei Schrägwände rechtwinklig aneinander stoßen, muß eine stärkere Neigung (2 : 1) genommen werden. Die Schlammschlitze sind von unten überdeckt, damit aufschwimmende Schlammstücke nicht zurückkommen können. Um die beiden Brunnen gleichmäßig mit Schlamm zu belasten, muß die Strömungsrichtung im Becken alle paar Wochen umgekehrt werden. Hierzu dient die an den Brunnen entlang laufende Rinne.

Das Absitzbecken hält sich von selbst dauernd schlammfrei und der Abfluß bleibt dauernd frisch.

In den Schlammbrunnen beginnen bald nach der Füllung die Faulvorgänge. Äußerlich erkennbar sind sie durch Gasentwicklung. Aus der Beschaffenheit der Gase lassen sich zwei grundverschiedene Gärungsvorgänge unterscheiden.

---

[1]) Imhoff, Die Schlammbehandlung in Emscherbrunnen. Techn. Gemeindeblatt, 5. Okt. 1907.
Spillner u. Blunk, Betriebsergebnisse aus mechanischen Kläranlagen der Emschergenossenschaft. Techn. Gem. bl. 20. Jan. 1911 u. folg. 4 Nummern.
Eight Years of Imhoff Tank Design and Operation. Eng. News, 6. und 13. Jan. 1916.
Scheven, Wirtschaftliche Ergebnisse beim Betrieb von Emscherbrunnen, Ges.-Ing., 15. Jan. 1921.

Wenn man frische Fäkalien unter Wasser sich
selbst überläßt, beginnen schon in den ersten Tagen
Zersetzungsvorgänge, als deren Ergebnis Wasser-

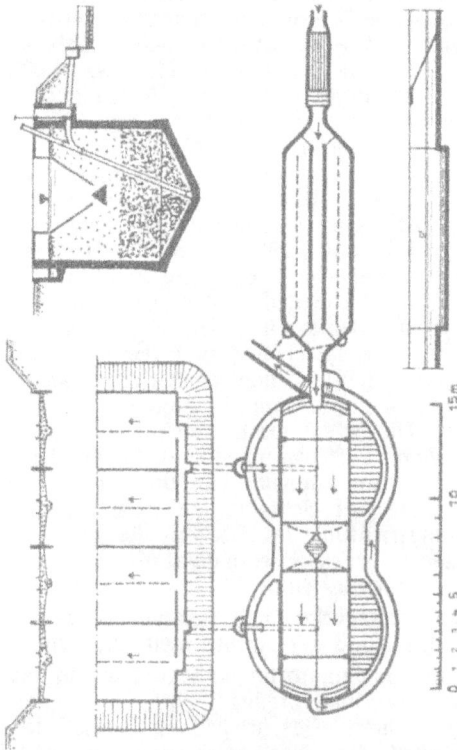

Abb. 4.

stoff, Kohlensäure und Stinkgase entweichen[1]).
Diese Gärung, die vermutlich aus einer Anzahl von
nebeneinander laufenden Vorgängen besteht, soll
der Einfachheit halber stinkende Gärung oder

[1]) Groenewege, Bakteriologische Onderzoekingen over Biologische Reinlging. Meededeelingen van den Burgerlijken Genees-
kundigen Dienst. Jaargang 1920 Deel I.

saure Gärung genannt werden. Sie ist in der
Abwassertechnik äußerst unerwünscht, weil sie
nur sehr langsam arbeitet und die Schlammenge
kaum vermindert, weil sie ferner den Schlamm nicht
leichter trockenbar macht, ihm dagegen einen
namentlich beim Bewegen der Masse auftretenden
höchst widerlichen Geruch verleiht. Der Schlamm
ist gelblich grau gefärbt und zähflüssig. Da er die
Gasblasen festhält, ist er schaumig und neigt zum
Aufschwimmen.

Grundverschieden von der stinkenden Gärung
ist die zweite Art der Gärung, die geruchlose Fäulnis,
die in einem gut eingearbeiteten Faulraum vor
sich geht. Als ihr Ergebnis entweichen Kohlensäure
und vor allem (mindestens $3/4$) Methan (Sumpf-
gas, Grubengas). Danach soll dieser Vorgang die
Methangärung genannt werden.

Jeder Faulraum, der mit wirklich frischem Abwasser betrieben wird, muß zunächst eine Zeit der
stinkenden Gärung durchmachen, die man Einarbeitungszeit oder Reifungszeit nennt. Sie dauert
bei völlig frischem Abwasser 6 bis 12 Monate je
nach der Jahreszeit, in der die Anlage in Betrieb
genommen wird. Der Winter ist zur Einarbeitung
ungeeignet, weil die Methangärung durch Kälte ge-
schwächt wird. Wenn das Abwasser schon ausgefaulten Schlamm in größeren Mengen mitbringt,
z. B. von Grubenüberläufen, hat der Faulraum überhaupt keine Einarbeitung nötig.

Künstlich kann man den Faulraum dadurch zur
sofortigen Einarbeitung bringen, daß man zunächst
Schlamm aus einem gut eingearbeiteten Emscherbrunnen an die Sohle bringt und dann den Brunnen
in der ersten Zeit nur so stark belastet, daß die
Methangärung stets die Oberhand behält. Wenn
guter Schlamm aus andern Emscherbrunnen an
der Anlage selbst nicht zur Verfügung steht, kann
das Impfen z. B. in folgender Weise vorgenommen
werden: 1 cbm guter Schlamm wird von einer
andern Anlage herangefahren. Dieser wird mit einer
gleichen Menge frischen Schlammes innig gemischt.
Nach 14 Tagen hat sich die Mischung in ausge-

faulten Schlamm verwandelt. Dieser wird wieder
mit gleicher Menge, in diesem Fall also 2 cbm,
frischen Schlammes gemischt und so fort, bis die
für die Impfung notwendige Schlammenge bei-
sammen ist. In dieser Weise gelang es im Jahre
1913, in kurzer Zeit 2 Emscherbrunnen in Elberfeld
zur Einarbeitung zu bringen, wo der Schlamm infolge von saurem Textilabwasser angeblich zur Faulung ungeeignet sein sollte. Ein gleichzeitig vor-
genommener Versuch, den Elberfelder Schlamm in
einem getrennten Behälter unter Zuhilfenahme von
Wasserspülung, Wasserdurchfluß, Kalkzusatz u. dgl.
zur Ausfaulung zu bringen, schlug fehl.

Die natürliche Einarbeitung der Emscherbrunnen
geht von der Sohle aus und greift von da allmählich
auf den ganzen Inhalt des Schlammraums über.
Durch die Gasentwicklung werden die am Boden
liegenden mit Fermenten der Methangärung an-
gereicherten Schlammteile gehoben, steigen bis
zum Wasserspiegel, mischen sich mit anderen
Schlammteilen, die noch nicht von der Methangärung ergriffen sind, und sinken, nachdem sie die
Gase abgegeben haben, wieder zu Boden. Die
Schlammassen befinden sich also in ständiger Umwälzung, wobei die Fermente die beste Gelegenheit
haben, aus dem frisch ankommenden Schlamm
immer wieder neue Nahrung zu schöpfen. Da beim
Emscherbrunnen keine Strömung von Abwasser
durch den Faulraum geht, können die Fermente
der Methangärung nicht durch Ausspülen verloren
gehen, wie es bei durchströmten Faulräumen der
Fall ist.

Während die stinkende Gärung in wenigen
Tagen die gesamten Schlammassen durchdringen
kann, schreitet die Methangärung nur langsam, dafür
aber unaufhaltsam vorwärts und überwuchert mit
Sicherheit die stinkende Gärung, so daß diese,
wenn der Brunnen einmal eingearbeitet ist, nicht
mehr wiederkehren kann, wenn nicht ganz grobe
Betriebsfehler gemacht werden.

Die Wirkung der Methangärung ist außerordentlich kräftig. Im eingearbeiteten Brunnen wird der

Schlamm in etwa 2 Wochen so völlig zersetzt, daß er alle S. 35 genannten günstigen Eigenschaften annimmt und daß von seinen ursprünglichen organischen Bestand teilen fast nichts mehr zu erkennen ist (ausgenommen z. B. Haare, die unverändert bleiben). Dabei entweichen ungeheure Mengen des geruchlosen, wertvollen Methans, um eine Zahl zu nennen, etwa 8 l/Kopf/Tag. Nach den Gasmengen zu schließen, müssen fast alle organischen Stoffe als Nahrung für die Fermente der Methangärung in Betracht gezogen werden.

Vor dem Bekanntwerden der Emscherbrunnen hat man geglaubt, ein Faulraum müsse von Abwasser durchströmt werden, um durch die ständige Ausspülung die Schlammfaulung überhaupt aufrecht erhalten zu können (Travis). Die Praxis hat dann erwiesen[1]), daß die Schlammfaulung in Emscherbrunnen ebensogut vor sich geht wie in durchströmten Faulräumen. Dabei können die Räume viel kleiner gemacht werden als bei durchflossenen Faulräumen. Das wichtigste aber ist, daß das Abwasser selbst frisch bleibt und daß kein Schwefelwasserstoff in wesentlichen Mengen aus dem Emscherbrunnen austritt, weder als freies Gas, noch gelöst im Abfluß, noch mit dem Schlamm. Aus dem durchflossenen Faulraum aber werden dauernd große Mengen Schwefelwasserstoff mit dem Abfluß ausgespült.

Die Schwimmdecke eines Faulraums bietet für die Methangärung nicht die nötigen Lebensbedingungen. Fäkalstücke, die in die Schwimmdecke geraten sind und dort festgehalten werden, sind noch nach Monaten in saurer Gärung begriffen und fast unverändert vorzufinden. Stücke jedoch, die in den Bereich der durch die Gasbildung bedingten ständigen Umwälzung der Schlammassen unterhalb der Schwimmdecke kommen, sind in kürzester Zeit durch die Fermente der Methangärung zur Unkenntlichkeit zersetzt. Eine Schwimmdecke, die in großen Mengen unzersetzten Schlamm ent-

---

[1]) Guth & Spillner, Zur Frage der Schlammverzehrung in Faulkammern und Emscherbrunnen. Ges.-Ing. v. 4. März 1911.

hält, muß deshalb von Zeit zu Zeit zerstört werden, am besten durch einen Wasserstrahl. Im eingearbeiteten Emscherbrunnen darf die Schwimmdecke aber nur aus ausgefaulten Schlammteilen bestehen. Wenn sie zu dick wird, kann sie wie getrockneter Schlamm abgefahren werden.

Über die Bedeutung der Gase ist oben schon gesagt worden, daß sie die für die Gärung unbedingt nötige Umwälzung und Mischung der Schlammmassen besorgen. Außerdem haben aber die Gase noch eine gute Wirkung auf die Trocknungsfähigkeit des Schlammes. Emscherbrunnen sind in der Regel 7—10 m tief. Die in der Nähe der Schlammrohrmündung an der Brunnensohle liegenden Schlammteile stehen also unter hohem Wasserdruck; infolgedessen sind die im Schlamm enthaltenen Gase stark gepreßt. Wenn der Schlamm durch das Schlammrohr herausgelassen wird, verliert er den Wasserdruck, infolgedessen blähen sich die Gasblasen auf, auch werden Gase, die im Schlammwasser gelöst waren, durch die Druckverminderung frei. Der aus dem Schlammrohr fließende Schlamm hat deshalb eine schaumige Beschaffenheit und das spezifische Gewicht ist geringer als Wasser. Wenn der Schlamm in diesem Zustand auf den Schlammtrockenplatz fließt, schwimmt er gewissermaßen auf seinem eigenen Wasser auf (wie auch ein Versuch im Glase zeigt). Er gibt also sein Schlammwasser in die Sickerschicht nach unten ab im Gegensatz zu entgastem Schlamm, der das Schlammwasser nach oben abgibt. Diese Tatsache erklärt die außerordentlich kurze Trockenzeit des Emscherbrunnenschlamms auf Trockenplätzen.

Die Kenntnis der hier ausführlich erläuterten Vorgänge in den Faulräumen gibt die Möglichkeit, die Faulräume der Emscherbrunnen richtig zu bauen und zu betreiben.

Das wichtigste sind die A b m e s s u n g e n. Häufig trifft man zu kleine Faulräume. Das ist eine falsch angebrachte Sparsamkeit, die im Betriebe Nachteile bringt. Empfehlenswert ist die Berechnung der Räume für den Bodenschlamm zwischen Sohle

und Höhe der Schlammschlitze auf 6 Monate, ge-
messen an der Menge des abgelassenen ausgefaulten
Schlammes. Dabei ist natürlich die wirkliche Faul-
zeit des Schlammes viel kürzer, weil der Schlamm
in frischem Zustand mit einem vielfach größeren
Volumen in den Raum hineinkommt und weil
auch nie der ganze Rauminhalt ausgenutzt werden
kann. Nach den früher angegebenen Schlamm-
zahlen (S. 34) sind an S c h l a m m r a u m etwa erforderlich:

bei Trennverfahren . . . . 20 l/Kopf

bei Mischverfahren . . . . 30 ,,

bei Städten mit sehr schlamm-
reichem gewerblichem Ab-
wasser . . . . 50 ,,

Bei kleinen Anlagen (unter 5000 Einwohnern)
sind die Zahlen zur Vereinfachung des Betriebs
möglichst zu verdoppeln, bei Hauskläranlagen vier-
fach zu nehmen. In Amerika sind wegen des langen
und kalten Winters größere Zahlen üblich.

Der notwendige Raum für den schwimmenden
Schlamm in Faulräumen ergibt sich bei den Emscherbrunnen von selbst neben den schrägen Boden-
wänden der Absetzräume. Lüftungsschächte sollen
etwa 1 qm groß sein, damit man nötigenfalls
Schwimmdecke abheben kann.

Die große Tiefe der Faulräume ist dadurch von
Bedeutung, daß die Temperatur gleichmäßiger und
die umwälzende Wirkung der Gase stärker ist, weil
mehr Gase auf die Flächeneinheit kommen. Deshalb ist die Fäulnis in tiefen Räumen besser und
sie können bei gleicher Wirkung kleiner gemacht
werden als flache. Dazu kommt, daß der Gasgehalt
und damit die Trockenbarkeit des Schlammes aus
tiefen Räumen besser ist.

Jeder Brunnen soll ein Schlammrohr mit einem
eigenen Schieber haben, der offen mündet, so daß
man den Schlamm jedes Brunnens beim Ausfließen
sehen kann. Die Schlammrohre sollen 20 cm weit
sein. Am Wasserspiegel und an den Rohrverbin-
dungen werden sie von außen gegen Rostangriff
mit Eisenbeton ummantelt. Am Rohrende wird

zweckmäßig eine Wasserspülung angebracht. Auch soll das Rohr von oben her mit Druckwasser durchgespült werden können. Das nötige Druckgefäll zum Durchfließen des Schlammes durch die Rohre ist 1 : 8, für offene Rinnen 1 : 40.

Wenn der Schlamm gepumpt werden muß, ist zu empfehlen, ihn zunächst in einen auf dem Schlammplatz hochliegenden Behälter zu pumpen, damit er die beim Pumpen verloren gegangenen Gase (in 8 bis 14 Tagen) wieder neu bilden kann, bevor er auf den Trockenplatz abgelassen wird. Aus dem Behälter kann auch überschüssiges Spül- oder Grundwasser abgelassen werden. Der Schlamm soll vor der Pumpe einen Schutzrechen von 2 cm Durchgang durchfließen.

Beim B e t r i e b ist das wichtigste, die Schlammschlitze zwischen Absetzraum und Faulraum freizuhalten. Sie dürfen weder vom Absetzraum her, noch vom Bodenschlamm, noch vom Schwimmschlamm verstopft werden. Sie müssen deshalb vom Absetzraum her bei Bedarf abgefegt werden. Der Bodenschlamm darf niemals bis an die Schlitze heranreichen, sondern muß rechtzeitig abgelassen werden, auch wenn er in der Einarbeitungszeit noch nicht reif sein sollte. Dasselbe gilt vom Schwimmschlamm.

Anderseits darf natürlich auch nicht zu viel Schlamm vom Boden abgelassen werden, weil dann nicht mehr genug fermentreicher Schlamm zurückbleibt, um die Methangärung gegenüber den frisch ankommenden Massen aufrecht zu erhalten. Der Brunnen müßte sich dann wieder neu einarbeiten.

Zum Abtasten des Schlammspiegels im Brunnen dient ein leichtes, papierdünnes Blech, das an den Ecken an einem dünnen Faden aufgehängt ist. Ein Kennzeichen für zu hohen Schlammstand ist eine Blasenreihe auf der Wasserfläche über dem Schlitz.

Ein äußeres Anzeichen der beginnenden sauren Gärung ist Schäumen der Schwimmdecke im Faulraum. Das Schäumen kommt davon her, daß der in saurer Gärung befindliche Schlamm, der zunächst in der Schwimmdecke auftritt, infolge seiner Zähigkeit

und Klebrigkeit die Gase nicht mehr richtig durch-
treten läßt. Versuchsweise läßt sich das Schäumen
in einem eingearbeiteten Emscherbrunnen dadurch
erzeugen, daß man entweder den Bodenschlamm
über die Schlitze ansteigen läßt oder den Brunnen
vorübergehend mit frischem Schlamm überlastet,
oder daß man den ausgefaulten Bodenschlamm bis
zur Sohle abläßt. Hiernach lassen sich leicht die
Gegenmittel gegen das Schäumen angeben: Wenn
daran zu hoher Schlammstand im Brunnen schuld
ist, hilft sofort Ablassen von Bodenschlamm.
Wenn der Brunnen vorübergehend überlastet war,
hilft Ausschalten oder Herabsetzen der Belastung.
Wenn aber kein alter guter Schlamm mehr in dem
Brunnen ist, hilft nur das, was über künstliches
Einarbeiten oder Impfen (S. 39) gesagt worden ist,
nämlich die Zuführung von Fermenten der Methangärung, also das Zupumpen von Bodenschlamm
aus einem guten Emscherbrunnen· Wenn während
der Einarbeitungszeit kein guter Schlamm zur Verfügung steht, muß man warten, bis er sich auf natürlichem Wege gebildet hat und muß inzwischen nur
dafür sorgen, daß die Klärwirkung nicht leidet.

Wenn die Anlage annähernd richtig bemessen
ist und keine ganz groben Betriebsfehler (wie die
oben genannten) gemacht werden, sind keinerlei
künstliche Eingriffe erforderlich und die Klärwirkung
wird niemals, auch in der Einarbeitungszeit nicht,
durch die Vorgänge im Faulraum gestört. Zur
Schlammfaulung ist jedes städtische Abwasser geeignet, wenn es nicht starke Bakteriengifte enthält.
Dem Verfasser ist kein Fall bekannt geworden, wo
der Faulraum nicht zur Einarbeitung gebracht werden konnte.

Getrennte Schlammfaulbehälter.[1]   Jahrelang
sind die Bemühungen, Schlamm getrennt in Behälter zu pumpen und dort richtig ausfaulen zu
lassen, fehlgeschlagen. Erst durch künstliche Nach-
ahmung der Vorgänge in den Faulräumen der

---

[1] Blunk, Eine neue Behandlung von Abwasserschlamm in
vom Klärraume getrennten Schlammräumen. Techn. Gemeindeblatt, 5. April 1919.

Emscherbrunnen ist die Lösung dieser Aufgabe ge-
lungen. Nach den obigen Erläuterungen ist leicht
anzugeben, daß es auf gewisse Regeln ankommt über
die Zufuhr von frischem Schlamm, die Abfuhr des
ausgefaulten Schlammes, die Temperatur und vor
allem auch das Mischen von frischem und ausgefaultem Schlamm. In getrennten Schlammbehältern
kann eine gute Methangärung am schnellsten erreicht und auf einfachste Weise dauernd dann erhalten werden, wenn man den frischen Schlamm
mit ausgefaultem Schlamm in den zum Behälter
führenden Rohren oder Rinnen zusammenführt und
dadurch innig mischt. Unter dieser Voraussetzung
können die Abmessungen der getrennten Faulräume
ebenso groß gemacht werden, wie sie S. 43 für die
Faulräume der Emscherbrunnen angegeben sind.
Andernfalls sind sie zu verdoppeln.

Getrennte Faulbehälter haben gegenüber den
Emscherbrunnen den Vorteil, daß der Faulraum
räumlich getrennt liegt und nicht auf den Absetzraum
zurückwirken kann. Dafür hat man aber den Nach-
teil, daß die Leistung des Absetzraumes nun nicht
mehr selbsttätig ist, sondern vom Belieben des
Wärters und von der Zuverlässigkeit von Pumpen,
Motoren und beweglichen Teilen aller Art abhängt.
Außerdem ist der ganze Betrieb viel verwickelter
und teurer. Man denke nur an das höchst lästige
Pumpen des stinkenden sperrigen frischen Schlammes. Es kommt hinzu, daß die Temperaturen
ungleichmäßiger sind als in Emscherbrunnen, die
von dem Abwasser überflossen und gewärmt werden.
In getrennten Behältern pflegt deshalb die Gärung
im Winter auszusetzen.

Aus diesen Gründen kommen getrennte Faulbehälter als selbständige Anlagen seltener in Frage,
wohl aber in Verbindung mit Emscherbrunnen,
um zu kleine Faulräume durch Nachfaulbehälter
zu ergänzen oder, wie schon erwähnt (S. 44), auf
Schlammplätzen, um gepumpten Schlamm wieder
mit Gasen anzureichern.

Schlammtrockenplätze. Diese werden aus Kies,
Schlacke oder Steinschlag 25 cm hoch aufge-

baut, so daß von drei Schichten die gröbste unten, die feinste oben liegt. Auf die oberste Schicht kommt eine etwa 5 cm starke Lage Sand, der allmählich mit dem trockenen Schlamm abgehoben wird und dann unbedingt wieder erneuert werden muß, wenn die Plätze brauchbar bleiben sollen. Um Sand zu sparen, können etwa 1 m breite Betonstreifen mit schmalen Sickerstreifen abwechseln Die Plätze sind 4 m breit, beliebig lang, haben in der Mitte ein Sickerrohr in der groben Schlacke und ein Feldbahngleis (vgl. Abb. 4). Die einzelnen Plätze sind 30 cm hoch mit Bohlen eingefaßt, damit der flüssige, ausgefaulte Schlamm 20 cm hoch aufgegeben werden kann. Die Größe kann man so berechnen, daß die zu erwartende Schlammenge bei jährlich 12 maligem Füllen aller Plätze untergebracht werden kann. Für kleine Anlagen ist jedoch ein möglichst seltenes Benutzen der Schlammplätze erwünscht. Danach können aus den auf S. 35 angegebenen Schlammengen für ausgefaulten Schlamm etwa folgende Schlammplatzgrößen empfohlen werden:

bei Trennverfahren . . . . . . 1,5 qdm/Kopf
bei Mischverfahren . . . . . . 2,5 ,,
bei Städten mit sehr schlamm-
reichem gewerblichem Was-
ser . . . . 4,5 ,,
bei kleinen Anlagen . . . . . 10,0 ,,

Getrockneter Schlamm hat in lockerer Lagerung zwei Drittel der Raummenge des flüssigen, ausgefaulten Schlammes. Sein Wassergehalt ist etwa 55%.

Chemische Klärung. Diese ist wirtschaftlich nur dann ausführbar, wenn Fällungsmittel aus gewerblichem Abwasser oder gewerblichen Rückständen mit geringen Kosten zu haben sind. Als Fällungsmittel kommen hauptsächlich in Betracht Eisensalze, Kalk und schwefelsaure Tonerde. Der wegen seiner Menge früher so gefürchtete Schlamm von chemischen Kläranlagen kann in der Regel in Faulräumen behandelt werden.

48

Biologische Körper (Brockenkörper) [1]. Diese
werden aus wetterfestem Material aufgeschichtet,
das sich nach einigen Wochen der Reifung mit
schleimigen organischen Häuten überzieht, in
denen die Abwasserreinigung unter Mitwirkung von
Kleinlebewesen vor sich geht. Nach der Dunbar-
schen Lehre ist die Reinigung des Abwassers auf
Absorptionsvorgänge zurückzuführen, deren Er-
schöpfung verhindert wird durch die unter Zutritt
von Luft sich abspielende Tätigkeit von Kleinlebewesen. In biologischen Körpern kann das Abwasser völlig fäulnisunfähig gemacht werden.
Füllkörper werden aus feinem Material (von
etwa 5 mm Größe) bis 1,5 m hoch erbaut und
in Behältern untergebracht, die abwechselnd
mit Abwasser gefüllt und wieder entleert werden.
Auf Tropfkörper wird das Abwasser künstlich
entweder durch eine Schicht feinen Materials
nach Dunbar oder durch Maschinen verteilt. Als
Verteilungsmaschinen sind bei großen Anlagen
Drehsprenger, bei kleinen Anlagen feststehende
Rinnen mit Kippgefäßen oder Hebern zu empfehlen. Die Korngröße soll bei Tropfkörpern 20
bis 80 mm betragen, die Körperhöhe bei feinem
Korn 2 m, bei grobem Korn bis 5 m. Die gesamte
Materialmenge auf 1 cbm tägliches Abwasser (Trok-
kenwetter) soll betragen bei zweistufigen Füllkörpern
2,2, bei einstufigen Füllkörpern 1,7, bei Tropfkörpern 1,4 cbm. Wenn der Wasserverbrauch auf
den Kopf der Bevölkerung gering, das Abwasser
also sehr dick ist, ist die Berechnung nach der
Wassermenge nicht richtig. Es ist dann darauf zu
sehen, daß die Materialmenge so groß ist, daß mindestens 130 l Material auf einen Einwohner kommen [2].

Vor allen Dingen braucht man zur Vorbehand-
lung des Abwassers eine vollständige gute Absetzanlage. Bei Tropfkörpern sind außerdem zur Nach-
behandlung noch Absetzbehälter notwendig, die

[1] Dunbar & Thumm, Beitrag zum Stande der Abwasserreinigungsfrage. Oldenbourg, München 1902.
[2] Imhoff, Die biologische Abwasserreinigung in Deutschland
Heft 7 der Mitteilungen der Landesanstalt für Wasserhygiene.
Hirschwald, Berlin.

etwa $\frac{1}{4}$ bis $\frac{1}{2}$ der Vorreinigung ausmachen. Für die Behandlung des Schlammes der Vorreinigung wie der Nachreinigung ist zu sorgen (s. „Schlammfrage").

Der Platz einer biologischen Anlage mit allem Zubehör (einschließlich Erweiterungsfähigkeit) ist so zu bemessen, daß etwa 25000 Einwohner auf 1 ha kommen. Dabei ist allerdings vorausgesetzt, daß eine Schlammbehandlung gewählt ist, die nur sehr wenig Platz braucht.

Abwasser, das dauernd oder gelegentlich Bakteriengifte oder in erheblichem Maße Mineralöle enthält, ist zur biologischen Reinigung untauglich.

Aktivierter Schlamm. Die Abwasserreinigung mit aktiviertem Schlamm hat sich in England und Amerika eingeführt. Es handelt sich um ein künstliches, biologisches Verfahren, das jedoch den vorher beschriebenen biologischen Körpern in mancher Hinsicht überlegen ist. Aktivierter Schlamm wird aus frischem, verdünntem häuslichen Schlamm durch langdauerndes Einblasen von fein verteilter Luft hergestellt. Es entsteht dann durch die Tätigkeit von Kleinlebewesen eine lockere, flockige, braune Masse, die dieselben Eigenschaften besitzt wie die organischen Häute auf den Brocken der biologischen Körper, vorausgesetzt, daß sie dauernd belüftet wird. Eine Kläranlage dieser Art hat als Vorreinigung einen Sandfang und ein Feinsieb. Dann folgen die Belüftungsbecken, die mit 3 bis 6 Stunden Durchflußzeit vom Abwasser durchströmt werden. Gleichzeitig mit dem Wasser läßt man aktivierten Schlamm, und zwar ein Viertel der Wassermenge durch die Belüftungsbecken fließen. Durch ständiges Einblasen von fein verteilter Luft von der Beckensohle wird der aktivierte Schlamm in der Schwebe gehalten, so daß das durchfließende Wasser in innigste Berührung mit den organismenreichen Schlammteilen kommt. Der Luftverbrauch ist 10—20 cbm auf 1 cbm durchfließendes Wasser. Der Abfluß der Lüftungsbecken durchfließt dann Absetzbecken mit ein- bis zweistündiger Durchflußzeit und verläßt diese

Becken als völlig klares, geruchloses und fäulnis-
unfähiges Wasser. Aus den Absetzbecken wird der
Schlamm ständig abgezogen, wieder neu belüftet
und dann dem Zufluß der Lüftungsbecken wieder
zugesetzt. Der Überschuß an Schlamm wird beseitigt. Vorteile des Verfahrens sind geringer Bedarf
an Platz und Gefäll und beste Klärwirkung Be-
schwerden macht allerdings vorläufig die große Menge
des stark wasserhaltigen und schlecht trocknenden
Schlammes.

Bodenfilter, Rieselfelder. Wenn man genötigt
ist, das Abwasser weitgehend zu reinigen, wenn
also Absetzanlagen nicht genügen, ist die Behandlung des Abwassers auf dem natürlichen Boden
stets zunächst ins Auge zu fassen, vorausgesetzt,
daß sandiger Boden zur Verfügung steht. Bei gewöhnlichen dränierten Rieselfeldern ist so viel Land
erforderlich, daß 250 Einwohner auf 1 ha kommen.
Die notwendige Größe des Landes läßt sich bedeutend
vermindern, wenn man das Abwasser vor der Be-
rieselung in Absetzanlagen vorreinigt. Dann kann
das Abwasser von etwa 1000 Einwohnern auf 1 ha
untergebracht werden. Bei den Rieselfeldern ist
angenommen, daß der Betrieb auf die landwirt-
schaftlichen Bedürfnisse Rücksicht nimmt. Wenn
dies nicht nötig ist und das Feld nur dazu da ist,
das Abwasser zu bewältigen, kann die Belastung
bedeutend größer werden. In diesem Falle hat
man es mit der sog. Bodenfiltration zu tun. Es kann
dann bei nicht zu feinkörnigem Sandboden das Abwasser von 2500 bis 5000 Einwohnern auf 1 ha gereinigt werden.

Sandfilter. Die zuletzt genannten Bodenfilter sind als natürliche Sandfilter anzusprechen,
in denen jedoch biologische Vorgänge während der
Lüftungspausen zur dauernden Wirksamkeit des
Bodens nicht zu entbehren sind. Eigentliche Sandfilter, in denen man auf biologische Vorgänge ver-
zichtet, sind zur Abwasserreinigung nur dann möglich, wenn das Abwasser durch gewerbliche Beimengungen oder chemische Zuschläge so verändert
ist, daß der im Filter festgehaltene Schlamm durch

Rückspülung völlig beseitigt werden kann. In diesem Fall kommen die aus der Wasserreinigung bekannten Schnellfilter auch für Abwasser in Frage.

Fischteiche sind hinter Rieselfeldern oder guten biologischen Anlagen zur weiteren Verbesserung des Abflusses anwendbar. Als selbständige Abwasserreinigungsanlagen können sie nur bei ganz besonders günstigen örtlichen Verhältnissen gelegentlich in Betracht gezogen werden. Sie erfordern dann als Vorreinigung eine vollwertige Absetzanlage mit Frischhaltung des Abwassers. Als Verdünnungswasser muß die dreifache Menge reines Flußwasser zugesetzt werden. Der Platzbedarf ist 1 ha auf 2000 bis 3000 Einwohner. Die Teichtiefe ist $1/_3$ bis 1 m. Das Wasser wird an möglichst vielen Uferstellen eingeleitet.

Desinfektion. Alle Arten der gewöhnlichen Abwasserreinigung beziehen sich in der Hauptsache auf die Beseitigung der organischen Schmutzstoffe. Die Krankheitskeime werden dadurch zwar mehr oder weniger vermindert oder geschädigt, nie aber mit Sicherheit entfernt. Deshalb ist eine besondere Desinfektion nötig, wenn die Aufgabe gestellt wird, Krankheitskeime aus dem Abwasser zu entfernen. In Deutschland hat man sich bisher damit begnügt, die ansteckenden Krankheiten (namentlich Typhus und Cholera) durch Desinfektion am Krankenbett und in den Krankenhäusern zu bekämpfen. Gesamtdesinfektionen von Abwasser sind nur in Krankenhäusern ausgeführt worden, nicht aber in städtischen Kläranlagen. Durch das zuerst in Amerika erprobte Chlorgas ist die Desinfektion von Abwasser auch in großen Kläranlagen technisch und wirtschaftlich durchführbar geworden. Das Gas wird in Stahlflaschen bezogen und in genau meßbaren Mengen dem Abwasser zugesetzt. Der Chlorverbrauch ist etwa 10—20 g/cbm. Hierbei wird auch die Fäulnisfähigkeit des Abwassers herabgesetzt. Bei Zugabe von geringeren Mengen zum Zulauf der Kläranlage kann faules Abwasser geruchlos gemacht werden. Das Chlorverfahren kann

das biologische Verfahren dann ersetzen, wenn es
weniger auf die starke Herabsetzung der organischen Stoffe ankommt, außerdem wenn das biologische Verfahren wegen gewerblicher Beimengungen
unbrauchbar ist.

Hauskläranlagen. [1]). Es gibt leider immer noch
viele deutsche Städte, in denen jedes Haus eine
Kläranlage hat und wo solche Anlagen auch bei
Neubauten immer noch gefordert werden, nur
deshalb, weil sich die Stadtverwaltung nicht ent-
schließen kann, eine genügende städtische Kläranlage zu bauen. Grundsätzlich muß daran festgehalten werden, daß alle Arten von Hauskläranlagen
in Städten, in denen Straßenkanäle bestehen, verkehrt sind und dem Hausbesitzer unnötige Lasten
auferlegen, ohne zur Reinhaltung der Kanäle oder
der Flußläufe irgendwie wesentlich beizutragen.
Hauskläranlagen sollten nur da in Aussicht genommen werden, wo eine gemeinsame Ortsentwässerung nicht besteht.

Bei Trockenaborten sind Abortgruben zu er-
richten. Diese erhalten zweckmäßig eine Größe
von 0,3 cbm/Kopf. Da auf den Bewohner täglich
1,5 l Fäkalien und Urin zu rechnen sind, entspricht
diese Größe einem Fassungsraum von etwa einem
halben Jahr. Um den Grubeninhalt auf dem
Gartengrundstück landwirtschaftlich unterzubrin-
gen, ist eine Fläche von 30 qm/Kopf nötig. Wo diese
Fläche nicht vorhanden ist und man auf die Abfuhr
des Grubeninhalts angewiesen ist, wird man auf die
Dauer nicht ohne allgemeine Ortsentwässerung mit
Spülaborten auskommen.

Wo die Ortsentwässerung fehlt und im Hause denn-
noch Spülaborte errichtet werden sollen, kommen die
eigentlichen Hauskläranlagen in Frage. An Wassermengen sind zu rechnen:

---

[1]) Thumm, Abwasserbeseitigung bei Gartenstädten, bei länd-
lichen und bei städtischen Siedlungen. Hirschwald, Berlin 1913.
Imhoff, Die Entwässerung von Siedlungen im Ruhrkohlen-
bezirk. Techn. Gemeindeblatt, 20. Juni 1921.

Eigentliches Hausabwasser	30 l/Kopf/Tag
desgleichen mit Spülabor-	
ten	45 ,,
desgleichen bei höheren An-	
sprüchen (Bad)	70 ,,

Regenwasser soll von den Hauskläranlagen ferngehalten werden.

Von den empfehlenswerten Bauarten der Hauskläranlagen ist zunächst der durchflossene Faulraum zu nennen. Er unterscheidet sich von dem unbedingt zu verwerfenden Abortgruben mit Überläufen dadurch, daß er bedeutend größer ist und aus 2 oder 3 Kammern besteht, die nacheinander durchflossen werden. Die Größe soll 2 cbm/Kopf betragen. Die Zwischenwände sollen etwa in halber Höhe Durchflußöffnungen haben. Das Ablaufrohr soll in das Wasser eintauchen. Um die Ansammlung schwimmender Fäkalien am Einlauf zu verhindern, soll hier, wie bei allen kleinen Kläranlagen, das Zulaufrohr etwas über den Wasserspiegel gelegt werden, damit das abstürzende Wasser die sich bildende Decke zerstört.

Wenn an die Reinheit des Abflusses größere Ansprüche gestellt werden, kommt als Hauskläranlage die Untergrundrieselung in Frage. Hierbei wird das Wasser (im Gegensatz zu den zu verwerfenden Sickergruben, die den Untergrund verseuchen,) auf eine sehr große Fläche im Untergrunde durch Sickerrohre verteilt, so daß das Wasser, bevor es das Grundwasser erreicht, eine völlige biologische Reinigung durchmacht. Als Vorreinigung ist ein Faulraum erforderlich. Dahinter folgt zweckmäßig ein Schacht mit einem Kippgefäß, damit das Abwasser stoßweise in größeren Mengen in das Rohrnetz fließt. Die Sickerrohre sollen 0,5 m tief liegen und mit Schotter umpackt werden. Das Grundwasser muß mindestens 2 m unter der Erdoberfläche liegen. An Gartenfläche sind 100 qm/Kopf, an Sickerleitung 15 m/Kopf erforderlich. Das Leitungsnetz wird zweckmäßig in zwei Hälften geteilt, von denen jeweils nur eine im Betriebe ist.

Wenn der für die Untergrundrieselung erforderliche sandige Boden fehlt, kann an ihre Stelle eine biologische Anlage treten. Diese hat als Vorreinigung einen Faulraum oder einen kleinen Emscherbrunnen. Der Tropfkörper wird aus Schlacke oder Holzlatten 1,5 m hoch hergestellt. An Körpermaterial ist 0,4 cbm/Kopf erforderlich. Zur Verteilung des Wassers auf den Körper dient eine Kipprinne.

Schlachthöfe. Diese sollen, wenn irgend möglich, ohne besondere Kläranlage an die Stadtentwässerung angeschlossen werden, damit die stark fäulnisfähigen Abfälle in möglichst frischem Zustande zur Hauptkläranlage kommen. Das Zurückhalten der gröbsten Stoffe bei den Wassereinläufen durch Grobrechen ist natürlich erforderlich. Wenn ein Fettfänger angelegt werden soll, besteht dieser am besten aus einem Absitzbecken, dessen Oberfläche so berechnet ist, daß 1 qm Oberfläche auf 1 cbm stündliches Abwasser kommt. Das Fett kann an der Oberfläche abgeschöpft werden. Das Becken muß so flach hergestellt sein, daß die Sohle mit natürlichem Gefäll in den Kanal entwässert, und man täglich den ausgeschiedenen Schlamm unter Nachspülen von Wasser in den Kanal ablassen kann.

Krankenhäuser. Wenn das Krankenhaus an die Ortsentwässerung angeschlossen ist, soll es keine Kläranlage, sondern nur eine Desinfektionsanlage mit Kalk, Chlorkalk oder Chlorgas erhalten, die bei den Abteilungen für ansteckende Krankheiten dauernd und im übrigen nur bei Bedarf betrieben werden. Zur Sicherung der für die Desinfektion nötigen Einwirkungszeit sind Staubecken anzulegen.

Gewerbliches Abwasser.[1] Gewerbliche Anlagen, die an die städtische Kanalisation angeschlossen werden können, sollen ihr Abwasser in der Regel ohne Vorreinigung an den Kanal abgeben, da das meiste gewerbliche Abwasser erst nach

---

[1] Pritzkow, Die gewerblichen Abwässer. Weyls Handbuch der Hygiene Bd. II Abt. 3. Leipzig, J. A. Barth.
Schiele, Abwasserbeseitigung von Gewerben. Mitteilungen der Landesanstalt für Wasserhygiene Heft 11. Berlin, Hirschwald.

Mischung mit häuslichem Abwasser billig und genügend gereinigt werden kann. Zurückzuhalten sind jedoch Stoffe, die den städtischen Kläranlagen schaden, wie Kohlenschlamm, Teer und Mineralöle. Bei Absetzanlagen für mineralischen Schlamm (z. B. Kohlenschlamm) ist das wichtigste die Beförderungsfrage. Wenn der Platz bei der Kläranlage beschränkt ist, kann es zweckmäßig sein, den Schlamm aus den Becken herauszupumpen und an anderen Stellen zu trocknen. Als Pumpen kommen in Betracht Membranpumpen und Luftkessel (für zähen Schlamm), Schleuderpumpen (für große Mengen) und Druckluftheber. Alle Pumpen erfordern, daß entweder das Wasser oder der Schlamm vorher einen Schutzrechen von 2 cm Durchgang durchlaufen hat.

Wirtschaftlicher ist es in der Regel, den Schlamm gleich in den Absetzbecken zu trocknen und trocken herauszuschaffen. Hierzu dienen die Sickerbecken (nach Imhoff-Lagemann). Ihre Sohle ist genau wie ein Schlammtrockenplatz mit Sickerung versehen. Die Sickerrohre sind verschließbar und werden während des Absitzbetriebs geschlossen gehalten und erst geöffnet, wenn der Schlamm trocknen soll. Die Berechnung dieser Sickerbecken erfolgt entweder wie bei anderen Absetzbecken nach der Absetzzeit, wobei nur der jeweils schlammfreie Raum einzubeziehen ist oder nach der Oberfläche. Eine Mittelzahl für Kohlenwasser ist 2—3 qm Oberfläche auf 1 cbm stündliches Abwasser. Neben den für die Klärung notwendigen Becken müssen noch so viele Becken für den Schlamm bereitstehen als sich aus der Trocknungs- und Ausräumungszeit für die zu erwartende Schlammenge ergibt.

Bei günstigen örtlichen Verhältnissen kann die Auflandung (Kolmation) nach den Erfahrungen des Ruhrverbandes eine ausgezeichnete Art der Bewältigung gewerblichen Schlammes sein. Das als Schlammlagerplatz ausersehene Gelände wird dann stückweise eingedämmt und von dem Abwasser durchströmt. Das Abwasser fließt geklärt ab, während der Schlamm liegen bleibt. Das Verfahren ist nur dann möglich, wenn das Abwasser während des langen Aufstauens nicht stinkt und wenn der Schlamm mit Sicherheit bei längerem Lagern unter Wasser fest wird. Gewöhnliches städtisches Abwasser ist selbstverständlich ungeeignet.

Teerfänger bestehen zweckmäßig aus Absetzbecken mit geneigter Sohle, aus denen die Schwimmhaut vor Tauchbrettern abgeschöpft oder abgelassen und die Bodenschicht abgepumpt werden kann.

Regenwasser. Absetzanlagen können bei Regenwetter die doppelte Menge des Trockenwetterzuflusses bewältigen. Das darüber hinaus verdünnte Wasser kommt in den Umlauf. Bei höheren Ansprüchen kann ein Teil des Überlaufwassers in Regenwasserbecken behandelt werden, deren Schlamm am besten nach Ablauf des Regens zusammen mit dem ganzen Wasserinhalt in den Zulauf zur Kläranlage gepumpt wird. Solche Regenwasserbecken wirken bei kurzem Regen zugleich als Rückhaltebecken, insofern als dann überhaupt kein Wasser aus dem Regenauslaß abfließt[1]).

Biologische Anlagen leisten bei Regen höchstens das 1½fache der gewöhnlichen Belastung. Der Überschuß wird entweder nur in den Absetzanlagen behandelt oder (bei höheren Ansprüchen) aufgestaut und allmählich verarbeitet.

---

[1]) Engberding, Über die Wirkung von Regenauslässen und Regenwasserbecken in städtischen Kanalisationen. Techn. Gemeindeblatt vom 20. Jan. und 5. Febr. 1915.

Schätzung der Abflußmenge
aus der Fläche.

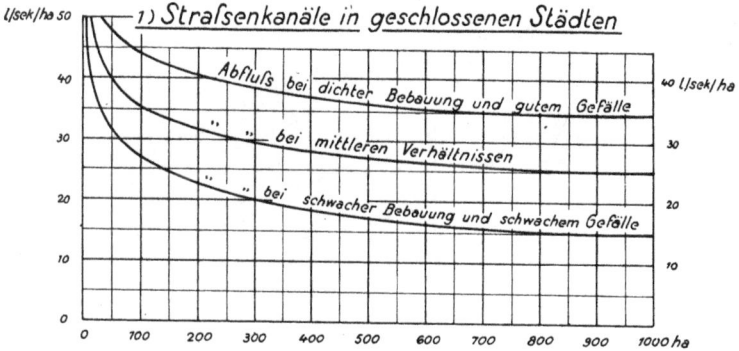

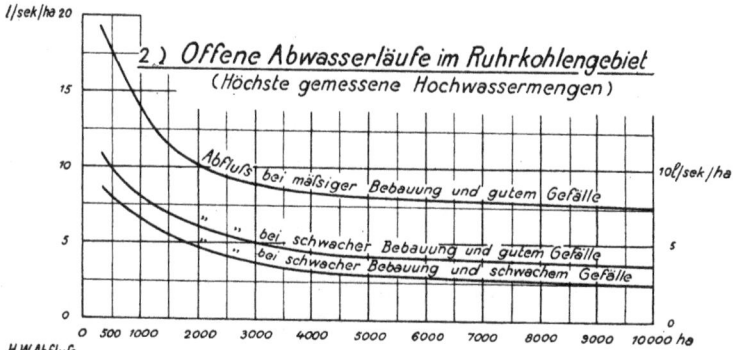

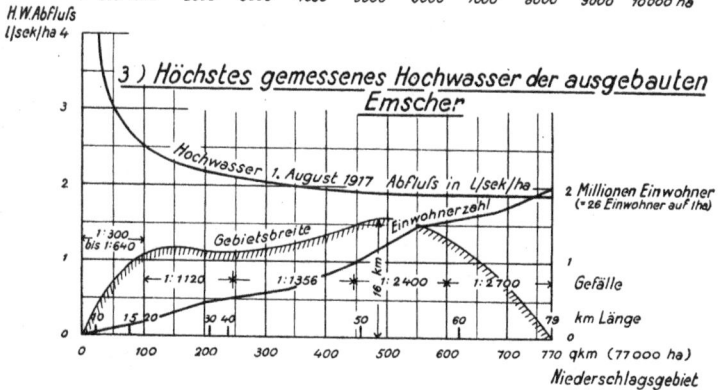

Tafel 1

1) Straßenkanäle in geschlossenen Städten

l/sek/ha 50

Abfluß bei dichter Bebauung und gutem Gefälle

" " bei mittleren Verhältnissen

" " bei schwacher Bebauung und schwachem Gefälle

0   100   200   300   400   500   600   700   800   900   1000 ha

2) Offene Abwasserläufe im Ruhrkohlengebiet
(Höchste gemessene Hochwassermengen)

l/sek/ha 20

Abfluß bei mäßiger Bebauung und gutem Gefälle

" " bei schwacher Bebauung und gutem Gefälle

" " bei schwacher Bebauung und schwachem Gefälle

0   500 1000   2000   3000   4000   5000   6000   7000   8000   9000 10000 ha

3) Höchstes gemessenes Hochwasser der ausgebauten Emscher

H.W.Abfluß l/sek/ha 4

Hochwasser 1. August 1917 Abfluß in l/sek/ha

2 Millionen Einwohner (= 26 Einwohner auf 1 ha)

1:300 bis 1:640   Gebietsbreite   Einwohnerzahl

← 1:1120 →   1:1356   → 1:2400 →   1:2700 →   Gefälle

10 15 20   30 40   50   60   79   km Länge

0   100   200   300   400   500   600   700   770 qkm (77000 ha)

Niederschlagsgebiet

Bevölkerungszunahme.

$$E = e \left(1 + \frac{p}{100}\right)^n \qquad E = \text{Einwohnerzahl nach } n \text{ Jahren}$$
$$e = \text{"" "" jetzt}$$

Diese Tafel gilt auch für Zinseszinsrechnungen.

Regenmengen:

Abflußmengen:

Größere Wassermengen = 10fach ablesen

Annahmen für die Wassermengen

Klasse	Bebauungsart	Einwohner auf 1 ha	Brauchwasser-abfluß 1) l/sek/ha	Regenwasserabfluß		
				Abflußbeiwert %	Straßenkanäle2) l/sek/ha	off.Bäche3) l/sek/ha
I	sehr dicht	350	0,81	80	80	160
II	geschlossen	250	0,58	60	60	120
III	weitläufig	150	0,35	25	25	50
IV	Außengebiete	100	0,23	15	15	30
V	unbebaut	0	0	5	5	10

1) Brauchwasser 100 l/Kopf in 12 Stunden
2) Regenfall (15 Minuten) für Straßenkanäle 100 l/sek/ha (0,6 mm/Min.)
3) " " " " " " " offene Läufe 200 " " 1,2 " "

Zeitbeiwert des Regenabflusses *Tafel 3*
(Erweiterter Verzögerungsbeiwert)

1) Berechnung aus der Abflußzeit

Rechnungsgang: Geschwindigkeit (v) geschätzt
Kanallänge (l) bekannt
Aus l und v Abflußzeit (aus Tafel unten)
Größter Abfluß, wenn Regendauer = Abflußzeit,
also für diese Zeit aus Kurve IV den Zeitbeiwert k

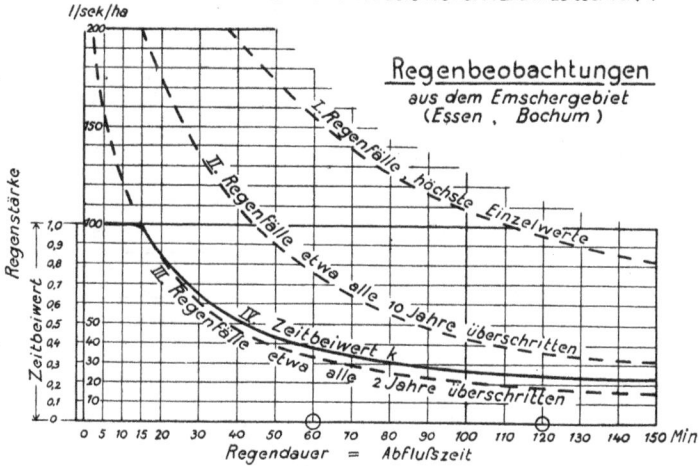

l/sek/ha

Regenbeobachtungen
aus dem Emschergebiet
(Essen , Bochum)

Regenstärke — Zeitbeiwert

I. Regenfälle höchste Einzelwerte
II. Regenfälle etwa alle 10 Jahre überschritten
III. Regenfälle etwa alle 2 Jahre überschritten
IV. Zeitbeiwert k

200
150
100
1,0 100
0,9
0,8
0,7
0,6
0,5 50
0,4 40
0,3 30
0,2 20
0,1 10
0   0

0 5 10 15 20 30 40 50 60 70 80 90 100 110 120 130 140 150 Min
Regendauer = Abflußzeit

Ermittlung der Abflußzeit ($\frac{l}{v}$)

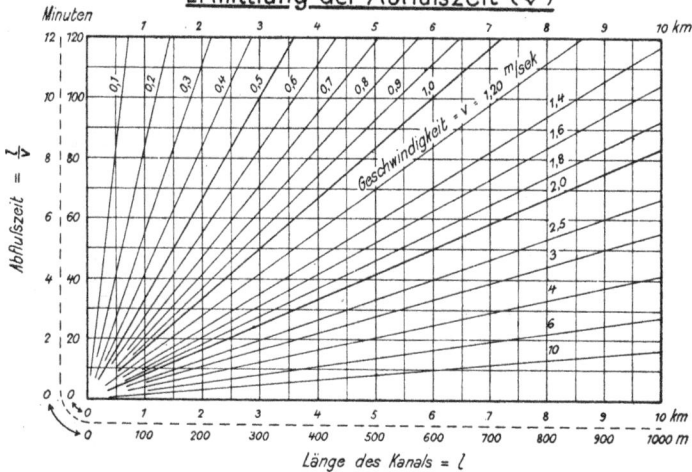

Minuten
Abflußzeit = $\frac{l}{v}$

12 120
10 100
8   80
6   60
4   40
2   20
0   0

Geschwindigkeit = v = 1,20 m/sek
0,1 0,2 0,3 0,4 0,5 0,6 0,7 0,8 0,9 1,0 1,4 1,6 1,8 2,0 2,5 3 4 6 10

1 2 3 4 5 6 7 8 9 10 km

0 1 2 3 4 5 6 7 8 9 10 km
0 100 200 300 400 500 600 700 800 900 1000 m
Länge des Kanals = l

Zeitbeiwert des Regenabflusses

(Erweiterter Verzögerungsbeiwert)

2.) *Berechnung aus der Fläche*

Zeitbeiwert $= k = \frac{1}{\sqrt[n]{F}}$ wobei $F =$ Niederschlagsgebiet in ha
$n = 8$ bei starkem Gefälle und fächerförmigem Gebiet
$\left.\begin{array}{l} n = 6 \\ n = 5 \end{array}\right\}$ bei mittleren Verhältnissen
$n = 4$ bei sehr schwachen Gefälle und langgestrecktem Gebiet

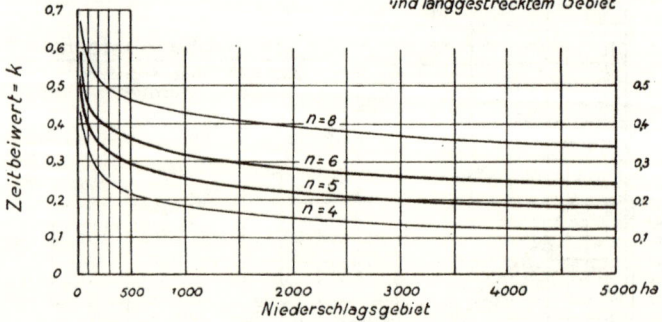

3.) *Berechnung aus der Länge*

Zeitbeiwert $= k = \frac{1}{\sqrt[n]{l}}$ wobei $l =$ Kanallänge in 100m
$n = 3,5$ bei starkem Gefälle
$n = 3$ bei mittlerem Gefälle
$n = 2,5$ bei schwachem Gefälle

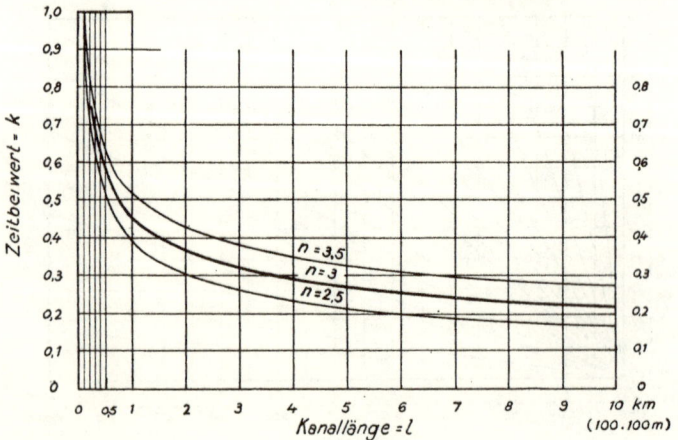

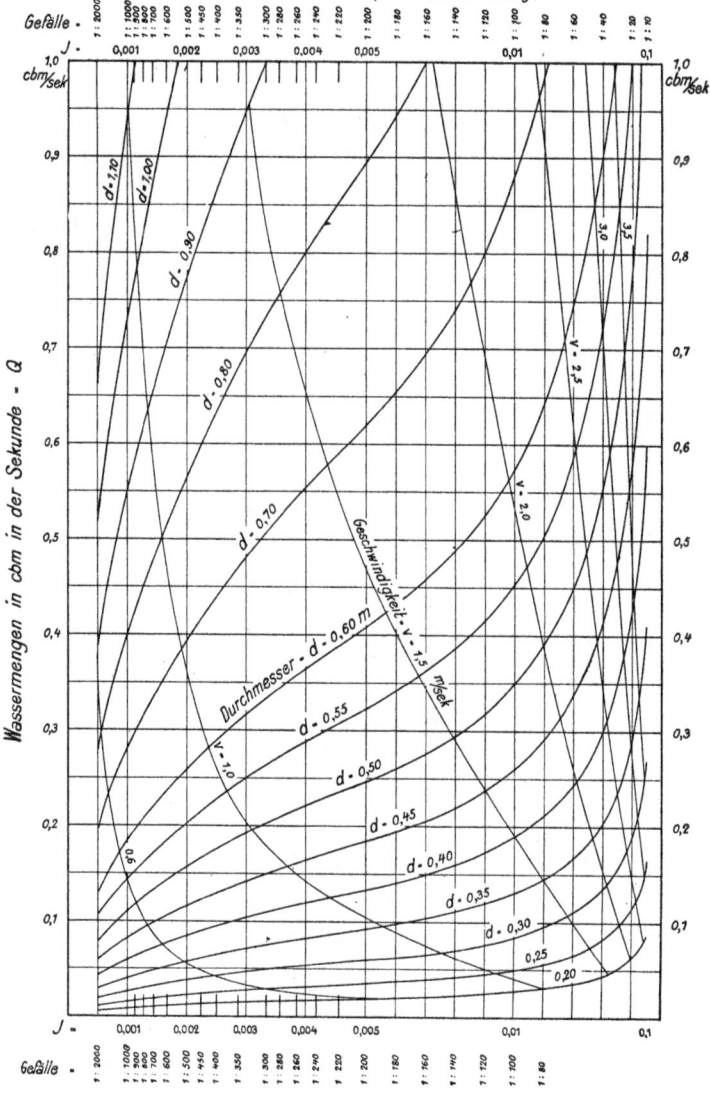

Kreis — Tafel 5

Kleine Wassermengen

$Q = F \cdot v$, $v = \dfrac{100 \, VR}{0{,}35 + VR} \cdot \sqrt{RJ}$, $R = \dfrac{f}{p} = \dfrac{\text{Fläche}}{\text{benetzten Umfang}}$

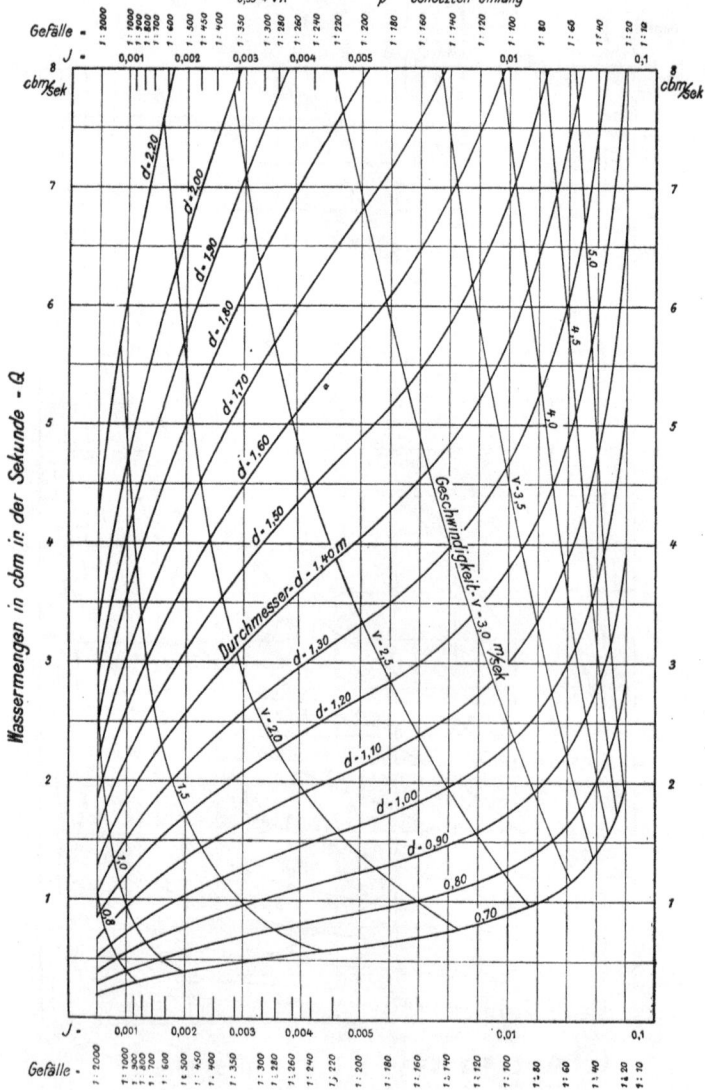

Kreis

Tafel 6

Mittlere Wassermengen

$Q = F \cdot v$, $v = \dfrac{100 \sqrt{R}}{0,35 + \sqrt{R}} \cdot \sqrt{RJ}$, $R = \dfrac{F}{p} = \dfrac{\text{Fläche}}{\text{benetzten Umfang}}$

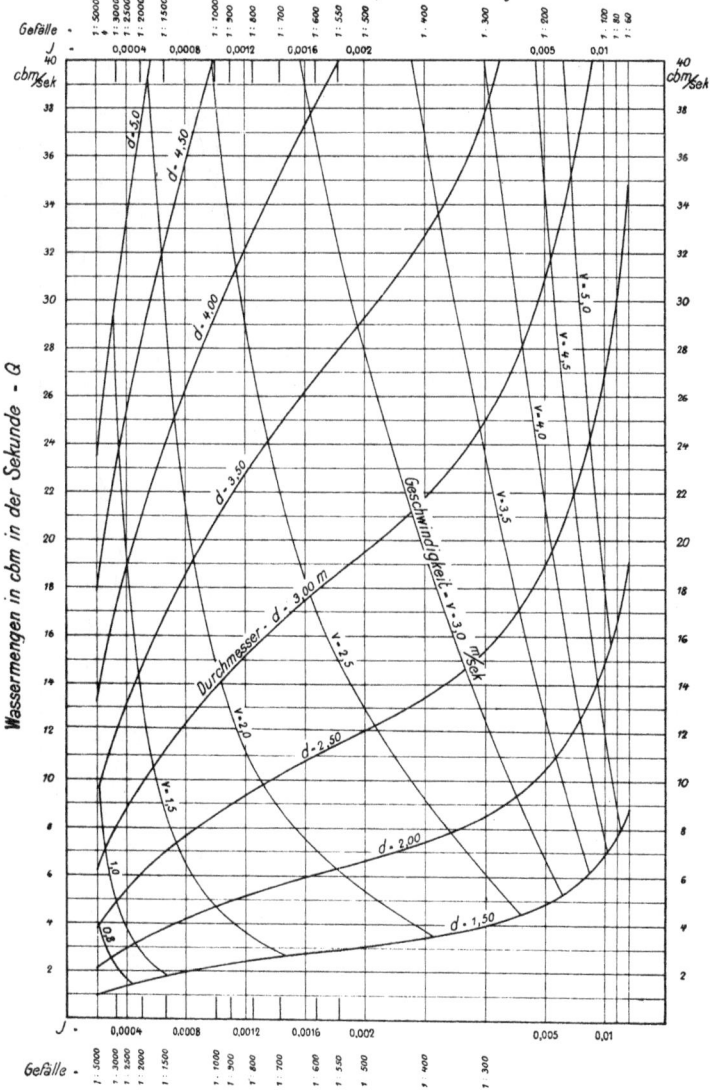

Kreis — Tafel 7

Große Wassermengen

$Q = F \cdot v$, $v = \dfrac{100\sqrt{R}}{0{,}35 + \sqrt{R}} \cdot \sqrt{RJ}$, $R = \dfrac{F}{p} = \dfrac{\text{Fläche}}{\text{benetzten Umfang}}$

Gefälle · J =

Wassermengen in cbm in der Sekunde · Q

cbm/Sek

Durchmesser · $d = 3{,}00$ m

Geschwindigkeit · $v = 3{,}0$ m/Sek

Ei 1:1,5   Tafel 8

$Q = F \cdot v$, $v = \dfrac{100\sqrt{R}}{0.35 + \sqrt{R}} \cdot \sqrt{RJ}$, $R = \dfrac{F}{p} = \dfrac{\text{Fläche}}{\text{benetzten Umfang}}$

Verschiedene Querschnitte

mit beliebiger Füllung bezogen auf den Kreis
von gleichem d.

1) $d = h$

Kreis

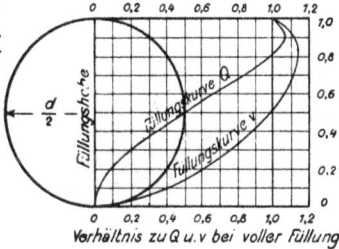

$\frac{d}{2}$

Verhältnis zu Q u.v bei voller Füllung

Fläche $= F_1 = 0.785\, d^2$

Umfang $= p_1 = 3.142\, d$

$\frac{F}{p} = R_1 = 0.25\, d$

Geschwind $= v_1 = $ siehe Taf. 6-8

Wasserm $= Q_1 = $,, ,, ,,

2) $d = h$

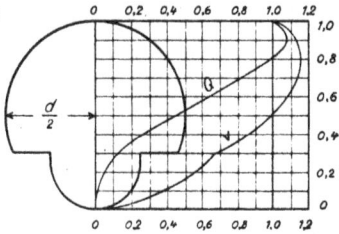

$\frac{d}{2}$

$F = 0.712\, d^2$

$p = 2.868\, d$

$R = 0.249\, d$

$v = 0.99 \cdot v_1 \,(\text{Kreis})$

$Q = 0.90 \cdot Q_1 \,(\text{Kreis})$

3) $d = h$

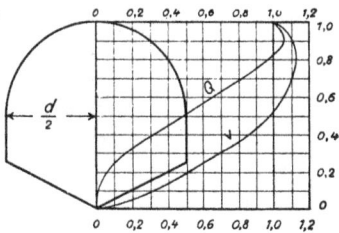

$\frac{d}{2}$

$F = 0.767\, d^2$

$p = 3.189\, d$

$R = 0.24\, d$

$v = 0.97\; v_1 \,(\text{Kreis})$

$Q = 0.95\; Q_1 \,(\text{Kreis})$

4) $d = 1.13\, h$

$h = 0.88\, d$

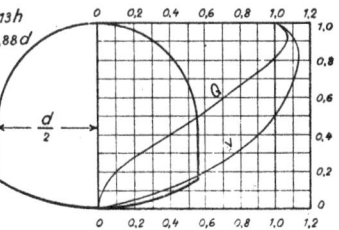

$\frac{d}{2}$

$F = 0.734\, d^2$

$p = 3.178\, d$

$R = 0.236\, d$

$v = 0.96\, v_1 \,(\text{Kreis})$

$Q = 0.90 \cdot Q_1 \,(\text{Kreis})$

Verschiedene Querschnitte
mit beliebiger Füllung bezogen auf den Kreis
von gleichem d

5) $d = 0,67 h$
$h = 1,5 d$

6) $d = 0,7 h$
$h = 1,42 d$

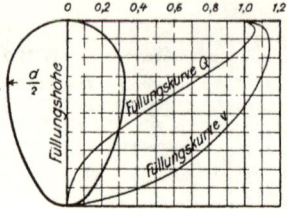

Füllungshöhe
Füllungskurve Q
Füllungskurve v

Verhältnis zu Q u v bei voller Füllung

5) Fläche $= F = 1,149 d^2$

Umfang $= p = 3,965 d$

$\frac{F}{p} = R = 0,29 d$

Geschwind $= v = 1,1 \ v_1 (Kreis)$

Wasserm $= Q = 1,61 \ Q_1 (Kreis)$
(Siehe auch Tafel 8)

6) $F = 1,062 d^2$, $p = 3,818 d$, $R = 0,278 d$

$v = 1,07 \ v_1 (Kr)$, $Q = 1,45 \ Q_1 (Kr)$

---

7) $d = 0,67 h$
$h = 1,5 d$

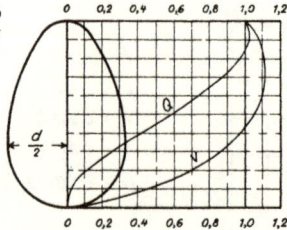

$F = 1,149 d^2$

$p = 3,965 d$

$R = 0,29 d$

$v = 1,1 \ v_1 (Kreis)$

$Q = 1,61 \ Q_1 (Kreis)$

---

8) $d = 0,63 h$
$h = 1,58 d$

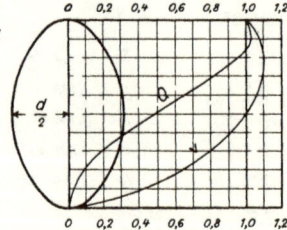

$F = 1,205 d^2$

$p = 4,062 d$

$R = 0,297 d$

$v = 1,12 \ v_1 (Kreis)$

$Q = 1,72 \ Q_1 (Kreis)$

---

9) $d = 0,58 h$
$h = 1,72 d$

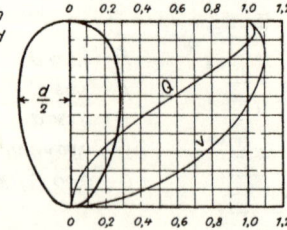

$F = 1,349 d^2$

$p = 4,367 d$

$R = 0,309 d$

$v = 1,15 \ v_1 (Kreis)$

$Q = 1,98 \ Q_1 (Kreis)$

Verschiedene Querschnitte
mit beliebiger Füllung bezogen auf den Kreis
von gleichem d.

10) $d = 0,88 h$
$h = 1,13 d$

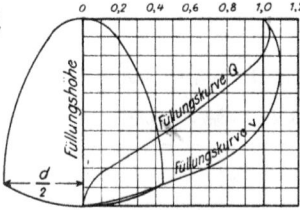

Fläche = $F = 0,847 d^2$

Umfang = $p = 3,441 d$

$\dfrac{F}{p} = R = 0,246 d$

Geschwind = $v = 0,99 \, v_1 (Kreis)$

Wasserm = $Q = 1,06 \, Q_1 (Kreis)$

Verhältnis zu Q u. v bei voller Füllung

11) $d = 1,58 h$
$h = 0,63 d$

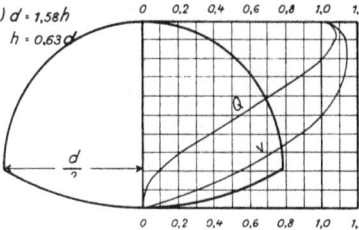

$F = 0,484 d^2$

$p = 2,618 d$

$R = 0,185 d$

$v = 0,81 \, v_1 (Kreis)$

$Q = 0,50 \, Q_1 (Kreis)$

12)
siehe auch
Tafel 14 und 15
wegen anderer
Rauhigkeiten

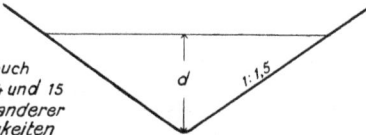

$F = 1,5 d^2$
$p = 3,6 d$
$R = 0,417 d$
$v = 1,42 \, v_1 (Kreis)$
$Q = 2,72 \, Q_1 (Kreis)$
(bei Verwendung von Kreistafeln 5-7 ist der Rauhig-
keitsbeiwert $b = 0,35$)

13)

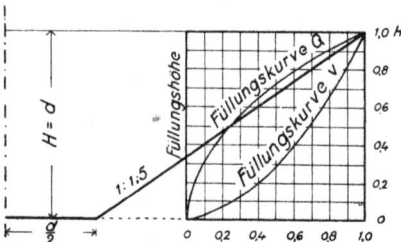

Für niedrigere Füllhöhen kommen dazu
die Beiwerte aus den Kurven Q und v

Für Füllhöhe $H = d$
(=Sohlenbreite) gilt

$F = 2,5 d^2$
$p = 4,6 d$
$R = 0,544 d$
$v = 1,70 \, v_1 (Kreis)$
$Q = 5,42 \, Q_1 (Kreis)$
(Für Rauhigkeit $b = 0,35$
Andere Rauhigkeiten
siehe Tafel 16)

Verschiedene Querschnitte

mit beliebiger Füllung bezogen auf den Kreis
von gleicher Breite = d.

14) Fünfeck

d = Breite $\qquad R = \frac{F}{p}$.

F = Fläche $\qquad v =$ Geschwindigkeit

p = benetzter Umfang $\qquad Q =$ Wassermenge

14a) Verschiedene Füllungshöhen bei freiem Wasserspiegel

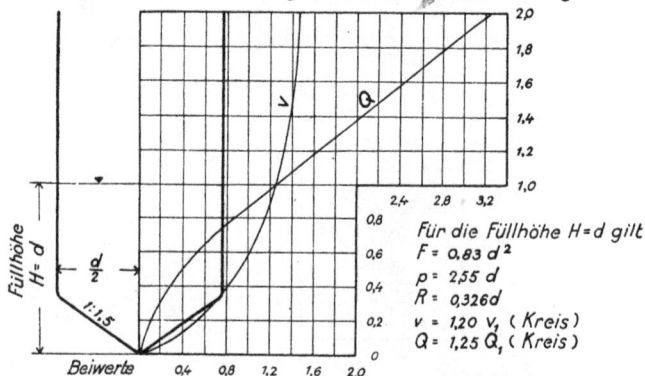

Für die Füllhöhe H = d gilt

$F = 0,83 \, d^2$

$p = 2,55 \, d$

$R = 0,326 d$

$v = 1,20 \, v_1$ (Kreis)

$Q = 1,25 \, Q_1$ (Kreis)

für die übrigen Füllhöhen vervielfache mit den Beiwerten aus den Kurven Q und v

14b) Volle Füllung des gedeckten Fünfecks, aber wechselndes Verhältnis zwischen Höhe und Breite

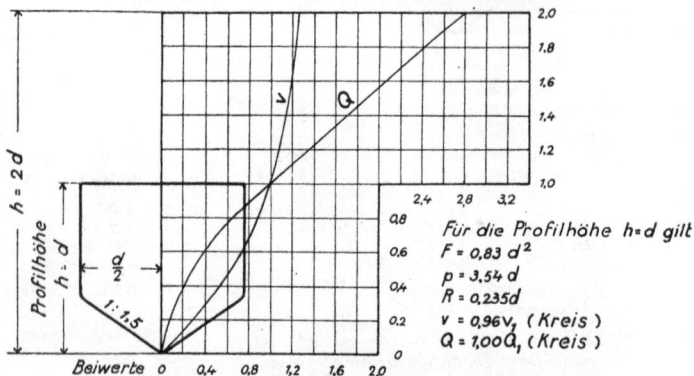

Für die Profilhöhe h = d gilt

$F = 0,83 \, d^2$

$p = 3,54 \, d$

$R = 0,235 d$

$v = 0,96 v_1$ (Kreis)

$Q = 1,00 Q_1$ (Kreis)

Für die übrigen Verhältnisse zwischen Höhe und Breite vervielfache mit den Beiwerten aus den Kurven Q und v

Verschiedene Querschnitte   Tafel 13
mit beliebiger Füllung bezogen auf den Kreis
von gleicher Breite = d.

15) Rechteck

d = Breite $R = \dfrac{F}{p}$

F = Fläche v = Geschwindigkeit

p = benetzter Umfang Q = Wassermenge

15a) Verschiedene Füllungshöhen bei freiem Wasserspiegel

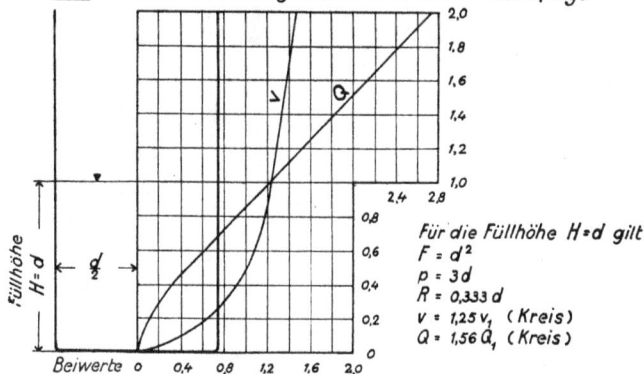

Für die Füllhöhe $H = d$ gilt

$F = d^2$

$p = 3d$

$R = 0,333\,d$

$v = 1,25\,v_1$ (Kreis)

$Q = 1,56\,Q_1$ (Kreis)

Für die übrigen Füllhöhen vervielfache mit den Beiwerten aus den Kurven Q und v

15b) Volle Füllung des gedeckten Rechtecks, aber
wechselndes Verhältnis zwischen Höhe und Breite

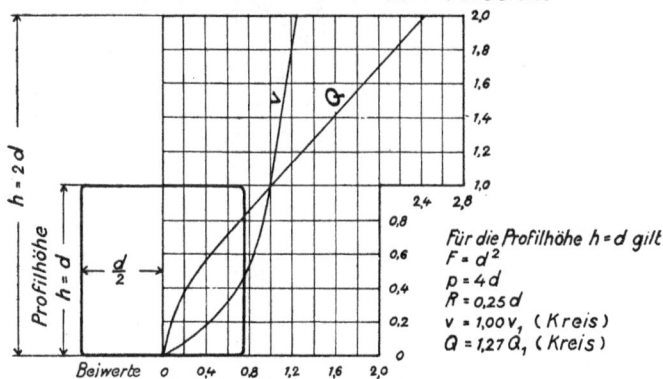

Für die Profilhöhe $h = d$ gilt

$F = d^2$

$p = 4d$

$R = 0,25\,d$

$v = 1,00\,v_1$ (Kreis)

$Q = 1,27\,Q_1$ (Kreis)

Für die übrigen Verhältnisse zwischen Höhe und Breite ver=
vielfache mit den Beiwerten aus den Kurven Q und v

Dreieck. Große Wassermengen — Tafel 14

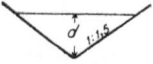

Fläche $F = 1{,}5\,d^2$ J = Gefälle, b = Rauhigkeitswert
Umfang $p = 3{,}6\,d$ Geschwind. $v = \frac{100\sqrt{R}}{b+\sqrt{R}} \cdot \sqrt{RJ}$
$R = \frac{F}{p} = 0{,}417\,d$ Wassermenge $Q = F \cdot v$

Beispiele: für $J = 1{:}400$
$Q = 15\,cbm$
1.) $b = \underline{0{,}75}$, $d = ?$ ablesen $\underline{2{,}0\,m}$, $v = 2{,}5\,m/sek$
2.) $b = 1{,}50$, siehe Linie --- $d = 2{,}3\,m$
3.) $b = 0{,}25$, siehe Linie +++ $\underline{d = 1{,}7\,m}$

Die v können nur für $b = 0{,}75$ abgelesen werden,
für andere Rauhigkeiten rechne $v = \frac{Q}{F}$

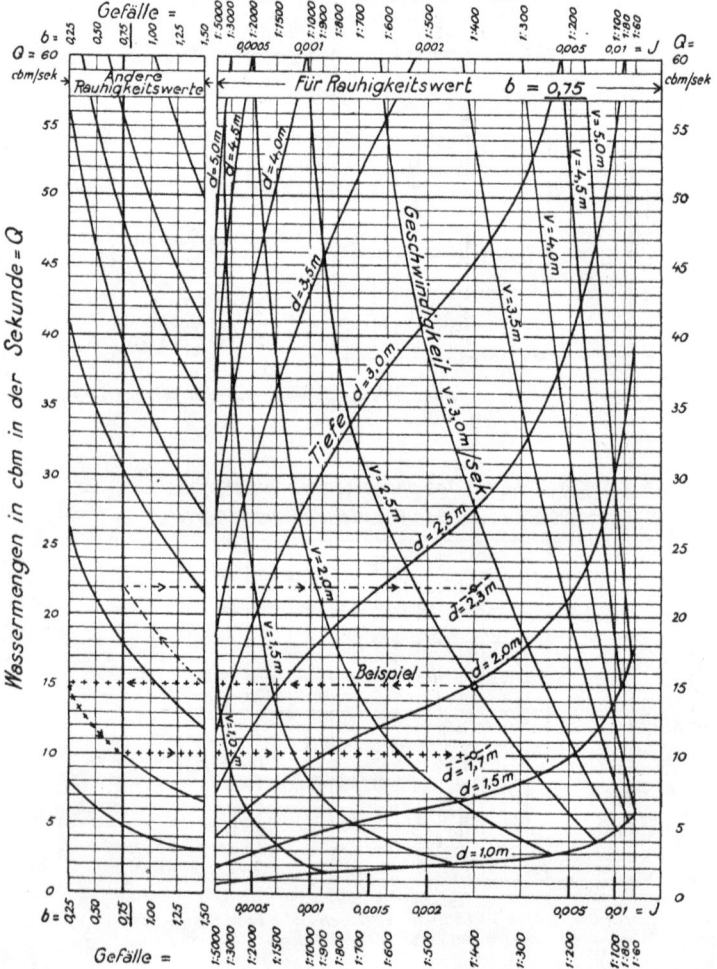

Dreieck. Kleine Wassermengen — Tafel 15

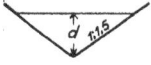

Fläche $F = 1,5\,d^2$ J = Gefälle, b = Rauhigkeitswert
Umfang $p = 3,6\,d$ Geschwind. $v = \frac{108\sqrt{R}}{b+\sqrt{R}} \cdot \sqrt{R \cdot J}$
$R = \frac{F}{p} = 0,417\,d$ Wassermenge $Q = F \cdot v$

Beispiele: siehe Tafel 14

Die v können nur für $b = 0,75$ abgelesen werden,
für andere Rauhigkeiten rechne $v = \frac{Q}{F}$

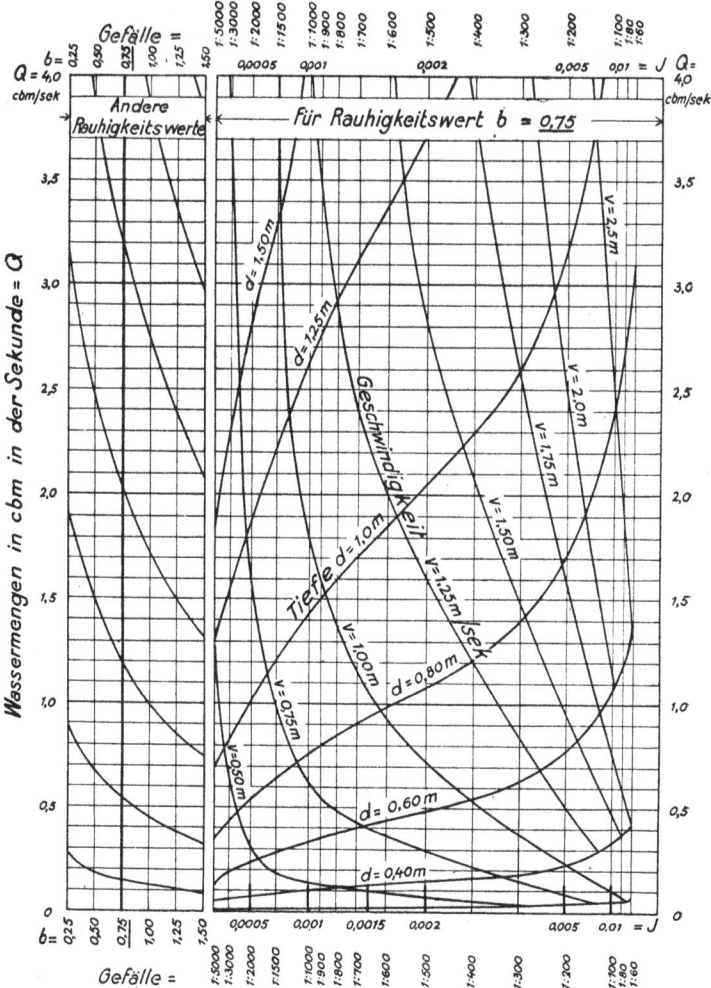

Für Rauhigkeitswert $b = 0,75$

Andere Rauhigkeitswerte

Wassermengen in cbm in der Sekunde = Q

Geschwindigkeit Tiefe d = 1,0 m $v = 1,25$ m/sek

$$\text{Geschwindigkeit} = v = \frac{100\,VR}{b + VR}\,\sqrt{RJ} \quad , \quad R = \frac{F}{P} = \frac{\text{Fläche}}{\text{benetzten Umfang}}$$

$$\text{Wassermenge} = Q = F \cdot v \quad , \quad \text{Gefälle} = J$$

b = 0,25 für sehr glatte Kanalwände (auch Wasserleitungrohre)

b = **0,35** üblich für Strassenkanäle von Steinzeug, Beton, verfugtem
        Ziegelmauerwerk (Tafel 5 bis 8) bei guter Reinhaltung

b = 0,45 für gutes Bruchsteinmauerwerk, altes Ziegelmauerwerk

b = 0,60 für gutes verfugtes Pflaster

b = 0,75 bis 1,0 für rauhes Mauerwerk, rauhes Pflaster

b = 1,5 für Felsen, Erde, Rasen (entspricht n = 0,025 in der grossen
        Kutter'schen Formel)

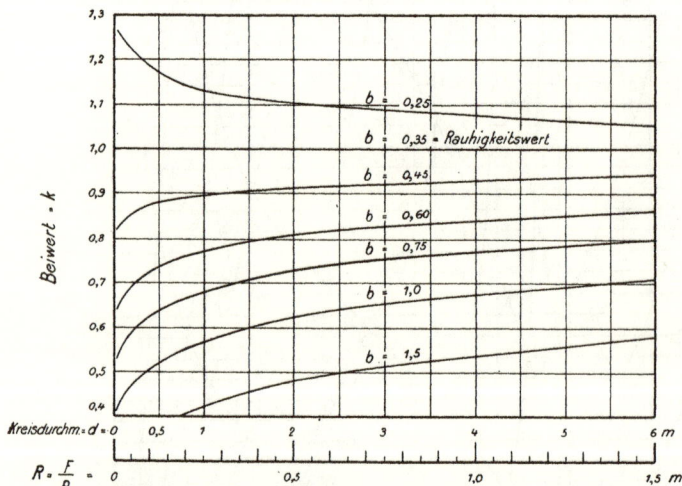

$$Q = k \cdot Q_{(0,35)} \quad , \quad v = k \cdot v_{(0,35)}$$

$Q_{(0,35)}$ u. $v_{(0,35)}$ = die Werte für die Rauhigkeit 0,35 (Taf. 5 bis 8).

Q und v = die Werte für andere Rauhigkeiten.

k aus obiger Tafel abzulesen, nachdem man den Kreisdurchmesser
   ungefähr geschätzt hat.

   Die Werte k für andere Querschnittsformen entsprechen denen
eines Kreises von gleichem R $\left(= \frac{F}{P}\right)$

www.ingramcontent.com/pod-product-compliance
Lightning Source LLC
Chambersburg PA
CBHW031415180326
41458CB00002B/380